독자의 1초를
아껴주는 정성을
만나보세요!

세상이 아무리 바쁘게 돌아가더라도
책까지 아무렇게나 빨리 만들 수는 없습니다.
인스턴트 식품 같은 책보다
오래 익힌 술이나 장맛이 밴 책을 만들고 싶습니다.
땀 흘리며 일하는 당신을 위해
한 권 한 권 마음을 다해 만들겠습니다.
마지막 페이지에서 만날 새로운 당신을 위해
더 나은 길을 준비하겠습니다.

매스매틱스

매스매틱스
2

이상엽 지음

길벗

Preface

수학에 인격이 있다면

아마 불같이 화를 낼 거예요.

자신은 교과서와 전공 교재라는 틀에 갇혀 있는 것이 아니라고요.

다른 학문과 기술을 위해서 존재하는 것도 아니며

점수 따위로 재단되는 것은 더더욱 아니라고요.

자기를 미워할 거라면

제발 누구인지는 좀 알고 나서

미워하라고요.

제가 이 소설을 쓴 이유는 수학 지식을 전달하고자 함이 아닙니다.

이 소설을 통해 여러분이 수학과 친해지기를

바라는 마음에서 썼습니다.

이 소설의 주인공은 여러분입니다.

에피소드 3 — 유휘 시대

에피소드 4 — 히파티아 시대

에피소드 3

유휘 시대

Yuhui

제갈량의 특사

I.

"설아. 일어나렴. 안에 들어가서 자든지."

"아!"

"하하. 이렇게 깊이 잠들다니. 그간 많이 피곤했나 보네?"

여긴? 설마…!

"오, 오라버니!?"

"다 큰 숙녀가 밖에서 침까지 흘리며 자고. 어이구. 혹 나쁜 놈이라도 와서 덜컥 잡아갔으면 어쩔 뻔했어?"

"이런… 안 돼!"

"응? 뭐가 말이냐? 하하. 우리 예쁜 동생님. 꿈이라도 꾼 모양이구나?"

"유 오라버니! 필기구! 필기구를 좀 얻어다 주실 수 있나요?"

"갑자기 필기구는 왜? 설아. 정신 차리렴. 여긴 꿈속이 아니란다."

"얼른 기록해야 합니다! 잊으면 안 돼요!"

"이 시각에 어디서 필기구를 구할 수 있겠니. 정 필요하면 내일 내가 병영에서 가져다주마."

"아… 안 돼. 율리우스 님… 흑흑…"

"어? 설아. 지금 우는 거야? 아니 대체 무슨 꿈을 그리 꾸었기에?"

나는 급한 대로 눈에 보이는 아무 돌멩이나 집어 들어 흙바닥을 종이 삼아 떠오르는 이름을 마구 써 내려갔다. 율리우스, 엘마이온, 크산티아, 아르키메데스, 헤르메이아스, 아일린, 카렌, 마델리아…

하지만 절박한 내 마음과 달리, 쓰면 쓸수록 더 격해지는 슬픔은 내 마음을 금방이라도 찢을 듯이 괴롭혔고, 글씨는 점점 더 엉망으로 뭉개져만 갔다.

결국 난 돌을 내려놓고서 바닥에 주저앉아 소리 내어 울고 말았다.

내 이름은 소니아. 아니, 서연이다.

Ⅱ.

지난 생의 기억을 밤새 복기하느라 잠은 한숨도 못 잤지만, 정신만큼은 또렷하다. 지금 이 순간에도 점점 잊혀갈 기억의 조각들에 조바심이 날 뿐이다.

밖에서 오라버니가 나갈 채비를 하는 소리가 들려왔다. 나는 재빨리 방문을 열고 외쳤다.

"오라버니! 오늘은 저도 따라갈게요!"

"아이 깜짝이야. 왜 벌써 일어났느냐? 병영에는 왜?"

"필기구가 필요해서요."

"아아. 그거 때문이라면 이 오라비가 이따 귀가할 때 챙겨다 줄 테니 좀 더 눈 붙이렴. 많이 피곤해 보이던데."

"아니에요. 한시라도 빨리 기록해야 할 게 있거든요."

"… 설아. 어제저녁부터 좀 이상해 보이는구나, 혹시 무슨 일이라도 있었니?"

"…"

"얘기하기 곤란한 거야? 알았다. 더 묻지는 않으마. 그럼 어서 채비해서 나오렴."

이미 나갈 준비를 모두 마친 나는 그대로 마당으로 나가 말 위에 올랐다.

아직 해가 뜨지 않아 어스름한 새벽이다. 오라버니를 따라서 병영에 도착한 나는 곧장 필기구가 있는 막사로 향했다. 내 얼굴을 익히 알고 있는 병사들은 가볍게 내게 인사를 건네고선 흔쾌히 안으로 들여보내 주었다.

나는 곧바로 탁자 위에 종이를 펼치고서 내 가장 옛 이름인 '서연'부터 적었다. 이름을 기억하는 건, 당시의 나를 잊지 않기 위해 가장 먼저 해야 하는 일이다. 그리고 그 밑으로는 서연이었던 내 삶의 어린 시절부터 공부했던 모든 수학 이론을 시간 순서에 따라 적어 내려갔다.

고아원에서 모두 날 따돌릴 때, 내 유일한 즐거움이자 자랑거리가 되어 주었던 수학. 나에게 점차 무관심해졌던 새 부모님도 대외적으로 날 언급할 때면 어김없이 거론됐던 수학. 그리고 내게 처음으로 따듯한 마음을 느끼게 해준 '그'와의 연결고리가 되어준 수학.

당시 내 전부와도 같았던 수학은 이제 그때의 날 기억하게 해주는 매개체이기도 하다.

정신없이 글을 써 내려가는 와중에 밖에서 난데없이 마른기침 소리가 들려왔다. 이런. 누군지는 모르지만 지금 내 시간을 방해하지 말았으면 좋겠는데.

"설이 왔느냐? 오랜만이구나."

"앗, 승상님!"

나는 자리에서 벌떡 일어났다. 제갈량[1] 승상[2]께서 막사로 들어왔고, 뒤이어 오라버니도 따라 들어왔다.

"강유[3]가 너도 같이 왔다고 해서 인사나 할 겸 들렀다. 그동안 못 본 새 어른이 된 것 같구나."

"다 승상의 은혜 덕분이지요. 제가 도울 일이 있으면 언제든 알려주십시오. 힘이 되어 드리고 싶습니다."

---

1 중국 삼국시대 촉한의 재상으로, 자(字)는 공명(孔明)이다(자(字)는 성년이 되는 관례 때 받는 이름인 관명과 함께 스스럼없이 부를 수 있도록 짓는 새로운 이름을 말한다). 중국 역사상 으뜸가는 지략과 충의의 전략가로서 오늘날까지도 많은 이의 추앙을 받는 인물이다.

2 중국의 고대 관직으로 오늘날 국무총리에 해당한다.

3 촉한의 장군으로 자는 백약(伯約)이다. 개국공신 가문도 아니고 촉한에 연고가 없음에도 촉의 대장군까지 오른 인물로, 삼국지연의에서는 제갈량의 후계자로 그려진다.

"허허. 그러고 보니 강유 자네가 양주[4]에서 기린아로 한창 명성을 떨칠 무렵이 지금의 설이 나이쯤이었겠구먼? 세월 참 빠르네."

승상님은 잠시 추억에 잠긴 듯 엷은 미소를 지으셨다.

"제 동생이지만 그 당시의 저와 비교해서도 월등히 현명한 아이입니다. 힘도 당시의 저보다 갑절은 더 셀 거고요. 하하."

"오라버니!"

오라버니의 농담에 승상께선 허허 웃으시고선 내 쪽으로 다가오셨다. 내가 쓰고 있던 글을 훑어보시는 승상의 눈 아래로 거무스름한 그늘이 오늘따라 유달리 짙게 느껴졌다.

"이건… 수학인 듯하구나?"

"네? 아, 네."

깜짝 놀랐다. 지금 시대의 언어에 맞지 않는 방식으로 적었는데도 바로 그 내용이 수학임을 짐작하다니. 역시 공명이시다.

"호오. 설이 네가 수학에도 흥미가 있는 줄은 미처 몰랐구나. 그런데 어째 내가 알아보기 힘든 기호들이 많은걸?"

"아, 승상님. 그건… 제가 독학으로 습득한 지식이기 때문에 그럴 겁니다."

"독학이라고? 수학을 말이냐?"

난처하다. 승상님이 더 깊게 물어보시면 뭐라고 답해야 하지? 또 꿈

---

4 서량, 천수군, 서평군, 금성군, 남안군, 농서군 등을 아우르는 현재의 감숙성, 영하 회족 자치구, 청해 황수 유역 및 섬서성 서부에 해당하는 지역.

에서 공부한 지식이라는 식으로 둘러대야 할까?

"그 말은 더욱더 놀랍구나! 수학은 모름지기 올바른 정치를 위해 관리가 될 자라면 반드시 익혀야 하는 학문. 다들 너의 그 열정을 본받았으면 좋겠구나."

"아닙니다, 승상님. 칭찬을 받기에는 부끄러운 실력이에요."

"너의 실력이 아니라 자세를 말하는 거란다. 전란이 길어지다 보니 무지할 뿐 아니라 배움에 열정조차 없는 자들이 관직을 꿰차고 있어. 그 탓에 가뜩이나 힘든 백성들은 고혈이 짜내진 후에 허무하게 버려지는 일이 비일비재하단다. 하루빨리 유능하고 청렴한 관리들을 육성할 체계적인 기관을 설립해야 할 텐데."

"..."

"허허. 내가 괜한 소리를 했구나. 아무튼 강유. 자네 남매는 진정 우리 한나라의 보물이네. 자네들 모친께서 이렇게 훌륭히 장성한 자식들을 보면 얼마나 대견해하실까."

"감사합니다. 승상님."

"이번 북벌에 성공하면 자네들도 모친을 곧 뵐 수 있을 테니 좀만 더 힘내보세."

오라버니와 나는 고개 숙여 승상께 감사를 표했다.

"자, 그럼 이만 우리는 회의장으로 가도록 하고. 설이는 조만간 또 보자꾸나."

"네. 승상님."

말을 마친 제갈 승상께서는 또다시 마른기침을 쿨룩대셨다. 그리고 뒤돌아서 막사를 나가시는가 싶더니, 잠시 그 자리에 서서 생각에 잠기셨다.

무슨 일인가 싶었지만 이내 다시 발을 떼어 밖으로 나가셨고, 오라버니도 그런 승상의 뒤를 따라서 막사를 나갔다.

승상의 건강 상태도, 갑자기 자리에 서 계셨던 이유도 궁금했지만 지금 내게 그런 생각을 할 여유 따위는 없기에, 곧바로 다시 자리에 앉아 기록을 이어나갔다. 중간에 병사들이 들어와 내게 조식을 권하였으나 밥 먹을 시간조차 허비할 수 없는 나는 정중하게 거절하였다.

그렇게 얼마의 시간이 흘렀을까. 또다시 막사 입구 쪽에서 인기척이 들렸다. 글을 쓰던 손을 멈추고 소리 나는 쪽을 돌아보니, 내가 여기 있는 것을 어떻게 알았는지 친구가 쪼그려 앉아 내 모습을 보고 있었다. 나와 눈이 마주친 친구는 실실 웃으며 말을 꺼냈다.

"크크. 역시 넌 집중력이 대단하구나! 이제야 이쪽을 보네."

귀여운 외모의 여자애 웃음소리가 '크크'라니, 얘는 참 여전하구나.

"후훗, 미안해. 도중에 부르지 그랬어?"

"너무 집중하고 있길래 부르기가 좀 그렇더라고. 아무튼, 너 아침도 굶었다면서? 뭘 그리 열심히 적는지는 모르지만 잠깐 숨 좀 돌릴 겸 나랑 바람이나 쐬고 오자. 너랑 먹으려고 내가 외곽 쪽 막사에 몰래 고기 반찬도 빼돌려 놨거든."

그러고 보니 어제저녁 이후로 아무것도 먹지 않았구나. 고기반찬이란 말을 들으니 나도 모르게 배에서 꼬르륵 소리가 났다. 하지만 지금은 기억을 잊기 전에 하나라도 더 기록하는 것이 중요하다.

"미안하지만 오늘은 너 혼자 먹어. 난 별로 배가 안 고프거든."

"에이. 방금 네 배에서 꼬르륵하는 소리가 진동을 했는데 무슨. 크크, 잠깐 다녀오자."

"아니. 난 정말 괜찮아. 어? 그러고 보니 너?"

"응?"

"너… 이름이 뭐였지?"

내 물음에 친구는 놀란 토끼 눈을 하더니 황급하게 막사 밖으로 도망쳐 나갔다. 나는 그런 그녀를 서둘러 뒤쫓았지만, 막사 밖으로 나오니 어느새 그녀의 모습은 온데간데없이 사라졌다.

갑자기 머리가 혼란스럽다. 자연스럽게 막역한 친구라 생각했는데, 그녀의 이름을 부르려는 순간 깨달은 것이다. 내가 그녀의 이름을 모른다는 것을.

이제 와 곰곰이 생각해 보니 나는 그녀가 누구인지 제대로 모른다. 분명 설이인 나와 그녀가 함께했던 여러 시간이 떠오르긴 하지만, 사실 나는 그녀가 어디에 사는지조차도 알지 못한다.

게다가 나에게 '막역한 친구'라니? 여태껏 내 어느 삶에서도 그런 분에 넘치는 이는 없었잖은가. 이거야말로 어불성설이 아닌가.

"너! 너 대체 누구야!"

내 외침은 허공에 공허하게 퍼졌다. 지나가던 병사 몇 명만이 깜짝 놀라 나를 쳐다볼 뿐이었다.

Ⅲ.

그녀는 누구였을까?

집에 와서 계속 일기를 쓰는 와중에도 이 궁금증은 좀처럼 가시지 않는다. 혹시 내 삶이 덧씌워지는 과정에서 기억이 왜곡되기라도 한 걸까? 어쩌면 진짜로 내 친구였던 걸까? 그렇다면 왜 그런 반응을 보이고서 도망간 거지?

당장 내 삶부터가 워낙 비상식적이다 보니, 무슨 일이 일어났다 해도 이상할 건 없지만, 아무리 모든 가능성에 대해 열어두고 생각해 봐도 어느 하나 석연치는 않았다.

어느새 밤이 깊었는지 강유 오라버니가 귀가하는 소리가 들려왔다. 마중을 나가기 위해 일어나려는데, 웬일인지 오라버니가 먼저 내 방 쪽으로 와 말을 건넸다.

"설아. 혹시 안 자고 있으면 얘기 좀 나눌 수 있겠니?"

무슨 일일까?

"네 오라버니. 들어오세요."

쓰고 있던 일기를 접어 한쪽 구석으로 치웠다. 내 방으로 들어서는 오라버니의 표정이 평소보다 굳어 보인다.

"무슨 일인가요?"

"음… 일단 앉아서 얘기하자."

나와 강유 오라버니는 탁자를 사이에 두고서 마주 앉았다. 한동안 심각한 표정으로 말이 없던 오라버니는 이내 결심한 듯 입을 열었다.

"설아. 오늘 회의 중에 나왔던 얘기인데, 아마도 조만간 너에게 단독으로 임무가 하나 주어질 것 같아."

"네? 저에게요?"

"응. 승상께서 내일 조식 전에 너를 회의실로 좀 데려와 달라 하셨어."

"대체 무슨 일이기에?"

"그건 나도 정확히는 모른다. 짐작되는 건 아마도 오늘 오전에 네가 쓰던 것과 관련한 일이 아닐까 싶은데, 여쭈어보니 그저 비밀 임무라고만 하시더라."

"…"

"승상께서 네게 위험한 일을 맡기진 않으실 거라 생각한다만, 이 일을 시작으로 앞으로 계속해서 더욱 중한 임무들이 네게 주어질지도 모를 일이지. 설이 너는… 그럴 마음의 준비가 되어 있니?"

승상님이 오라버니에게 그리 말씀하셨다면 아마도 심사숙고해서 내리신 결정일 테지. 드디어 내게도 승상과 촉한의 은혜에 제대로 보답할 기회가 주어진다는 사실이 기쁘지만, 하필이면 이때라니. 시기가 안 좋긴 하다. 내 지난 삶의 기록을 모두 끝마치려면 앞으로 족히 나흘은 더 걸릴 텐데. 부디 오랜 시간 자리를 비워야 하는 일만은 아니기를.

"네. 마음의 준비는 일찍이 해두었어요. 무슨 일이 주어질지는 모르지만 힘닿는 대로 열심히 해볼게요."

"정말 괜찮겠어?"

"올데갈데없는 우리 남매를 거두어주신 고마운 분입니다. 오라버니도 이미 충성을 맹세하고 국가에 헌신하고 계시니, 저 역시 응당 그리 해야지요."

"네가 그런 어른스러운 말을 해주니 참으로 대견하지마는, 한편으론 걱정스러운 마음이 가시지 않는구나. 내가 너를 너무 어리게만 생각하고 있는 걸까…?"

"후훗, 걱정하지 마세요, 오라버니. 저도 이제 한 명분의 몫은 해낼 수 있으니까요. 오라버니께서는 저보다도 어린 나이에 이미 사사들을 이끄셨고, 제 나이 즈음엔 주의 종사이자 상계연으로도 일하셨잖아요."

"… 알았다. 네 생각이 그러하다면 내일 나와 같이 승상님을 뵈러 가자. 오늘 아침과 같은 시각에 나갈 채비를 해놓으렴."

"네."

오라버니는 내 머리를 가볍게 쓰다듬고선 방을 나갔다.

나는 접어두었던 일기를 다시 펼쳤다. 그런데 그 순간! 내 두 귀로 섬뜩한 기운이 스쳤다.

'아! 이건!'

이내 섬뜩한 기운은 아찔한 고통이 되어 머리 전체로 퍼져나갔다. 그러고 보니 내 삶이 덧씌워진 날이 어제였었지. 이 증상은 잊지도 않고 지겹도록 날 따라오는구나.

눈을 감고서 차분하게 초를 셌다. 1초, 2초, 3초….

매 삶에서 그러했듯이 첫 고통은 정확히 10초를 센 순간에 사그라졌다. 하지만 언제나처럼 고통이 지속되는 시간은 점차 길어지고 강도 또한 세질 테지.

엘마이온이자 율리우스, 그리고 어쩌면 '그'는 이 고통을 잘 견뎌내고 있을까?

보고 싶다.

만약에 내가 그때 그의 집이 아닌, 알렉산드리아 학교로 찾아갔었더라면 한 번 더 그의 얼굴을 볼 수 있지 않았을까. 작별 인사도 없이 사라진 나를 많이 원망하고 있겠지.

다시 그를 만날 기회가 있을까? 이번 삶이 안 된다면 다음 삶에서라도….

또다시 눈시울이 뜨거워졌지만 애써 꾹 참았다. 눈물을 흘릴 시간에 한 글자라도 더 적어서 기억을 잃지 않아야 할 테니. 다만, 그동안은 늘 삶의 시간 순서대로만 기억을 적어왔었다면, 이번만큼은 순서를 조금 달리 해봐야겠다.

그가 그랬듯이, 우리가 함께했던 기억부터.

IV.

나는 오라버니와 함께 제갈 승상의 막사 앞에 와 있다. 아직 해가 뜨지 않은 이른 시각인데도 부재중이시기에 의아했는데, 보초병의 말로는 승상께서 직접 둔전[5]의 시찰을 나가셨다고 한다. 매사에 완벽을 기하기 위해 자신의 몸을 혹사하는 승상의 모습은 때로 경이롭기까지 하다.

멀리 말발굽 소리가 들려오는 쪽을 보니, 시찰을 마치고 돌아오는 승상의 모습이 보였다.

"오, 강유! 설이도 함께 왔구나!"

오라버니와 나는 공손히 고개 숙여 아침 인사를 드렸다. 승상님이 말에서 내리시자 오라버니는 볼멘소리를 했다.

"승상! 둔전의 시찰 정도는 아랫사람들에게 맡기시지 않고요?"

"허허. 둔전만 보고 온 건 아니네. 내가 직접 확인해야만 할 다른 것이 있어서 다녀온 거야."

말에서 내린 승상은 가쁜 숨과 함께 일전의 마른기침을 또 한 차례 토해내시더니, 타고 온 말을 호위병들에게 넘기고서 우리에게 걸어오셨다.

"이렇게 이른 시각에 오라 해서 미안하구나. 설아."

"아니에요. 괜찮습니다."

"흐음. 그럼 이제부터는 설이와 둘이서만 이야기를 좀 나눠야 할 것 같은데. 강유 자네는 자리를 좀 피해 주겠나?"

"제가 들어서는 안 되는 내용입니까?"

---

5 주둔한 군대의 경비를 마련하기 위해 경작하는 토지.

"안 되는 건 아니지만, 아마 들어도 무슨 말인지 몰라서 지루할 걸세."

"아아… 혹시 수학 얘기입니까?"

승상님은 말없이 빙긋 웃으셨다.

"알겠습니다. 그럼 저는 작전지로 가서 대기하고 있겠습니다."

오라버니는 내 어깨를 도닥이고선 말 위에 올랐다.

"자, 설아. 그럼 우리는 안으로 들어가자꾸나."

"네."

승상님을 따라 막사 안으로 들어서니 커다란 탁자 위에 우리 부대가 주둔하고 있는 오장원 일대의 지도가 눈에 들어왔다. 밤새 사마의[6]가 이끄는 위나라 군의 공략 전술을 연구한 흔적이 어지러이 흩어져 있었다.

"승상. 혹시 또 밤을 새우신 건가요?"

"으음. 어쩌다 보니 그렇게 됐구나."

"정말 그러다 쓰러지기라도 하시면 어쩌려고 그러세요? 승상의 건강에 국운이 달려 있으니 제발 무리하지 마십시오."

"허허. 아직 멀쩡하니 걱정 마려무나. 그보다도, 어제 네가 분명히 내게 그런 말을 했었지? 수학을 독학했노라고."

갑자기 긴장이 몰려왔다. 사실 지금 삶에서의 나, 즉 '강설'은 수학에 대해서는 아무것도 모른다. 내가 가진 수학 지식은 모두 내 다른 삶에서

---

6 조위(위나라)의 관료이자 서진의 추존 황제로, 자는 중달(仲達)이며 제갈량의 최대 라이벌로서 역사에 기록된 인물이다.

얻은 것일 뿐.

무엇보다도 지금 이 시대에 적합한 수학 수준이 전혀 가늠되지 않는다는 점이 문제다. 하물며 서양도 아닌 동양의 수학이기에 그동안 배워본 적도, 관심을 가져본 적도 없었다.

나는 대체 어디까지를 알고 어디서부터 모른 척을 해야 할까.

"설아. 긴장하지 말고 편히 얘기해 보려무나."

"아, 네. 승상. 제가 어제 그리 말씀드렸었지요."

"그럼 혹시 그동안 어떤 수학책들을 공부했는지 대략적이라도 말해줄 수 있겠니?"

"아… 그건…"

난감하다. 하물며 이름이라도 아는 책이 있다면 좋으련만. 하긴 섣부르게 잘 모르는 책을 말했다가 승상께서 그 내용을 물어보시기라도 한다면, 그건 더욱 낭패일 테지.

결국 나는 아무런 대답도 할 수 없었고, 승상께서는 그런 나를 한참 바라보시다가 다시 입을 떼셨다.

"흠. 내가 곤란한 질문을 한 건가? 그렇다면 조금 다르게 물어보마. 그럼 묵자[7]나 혜시[8], 공손룡[9]의 저서 중에서는 어떤 것을 공부해 보았

---

7 묵자(기원전 470년~기원전 391년)는 중국 초기 전국 시대의 제자백가 중에서 묵가를 대표하는 인물이다.

8 혜시(기원전 370년~기원전 310년)는 송나라 사람으로, 위나라 혜왕 때 재상을 지낸 인물이다.

9 공손룡(기원전 320년~기원전 250년)은 조나라의 문인이다.

느냐? 모두 수학의 고전들이니 너도 한둘쯤은 보았을 텐데."

"… 승상."

"그래. 어서 얘기해 보려무나."

"그동안 공부했던 서적들에 관해선 송구스럽게도 저의 개인적인 이유로 말씀드릴 수가 없습니다. 하지만 승상께서 제게 수학 이론을 하문하신다면 제가 아는 선에서 열심히 답해 보겠습니다. 그리해 주실 수는 없으신지요?"

"이론에 관해서 말이냐? 허허허."

나는 침을 꿀꺽 삼켰다. 말은 그리했지만 승상의 질문에 어느 정도 수준의 답을 해야 하는지도 난감한 문제다. 유클리드의 원론[10]을 기준으로 삼으면 적당할까? 아니다. 원론은 지금 동양의 수학 수준엔 너무 높은 수준일 수도.

"알았다. 그럼 우선은 가볍게 묵자께서 쓰신 묵경[11]에서 묻도록 하지. 유한과 무한의 개념에 대해서 아는 대로 답해 보겠느냐?"

"네?"

내가 지금 잘못 들은 건가? 유한과 무한이라니? 묵자라면 까마득히 먼 옛날 사람이 아니던가?

"아니면 그에 연관한 개념으로 명가 혜시의 무한대 무한소 개념을

---

10 유클리드가 집필한 책으로, 총 13권으로 구성되어 있다. 흔히 '세계 최초의 수학 교과서'라 불린다.

11 묵경은 묵자가 손수 지은 경전으로, 논리학, 광학, 역학, 물리학 외에도 정치, 경제, 철학 등 묵자 사상 전반에 걸친 내용을 담고 있다.

답해도 좋다."

내 두 귀를 믿을 수가 없다. 이번에는 뭐? 무한대와 무한소라고? 설마 동양의 고대 수학은 이미 그런 고차원적인 개념들을 정립했다는 말인가?

"흐음… 잘 모르는 모양이구나. 어제 설이 네가 쓴 글을 봤을 땐 결코 허투루 공부한 게 아니라 생각했는데, 내가 너무 큰 기대를 한 게 아닌가 싶구나."

"아, 아니에요. 답하겠습니다, 승상님. 무한대란 한없이 큰 것을 말하고, 무한소란 한없이 작은 것을 말합니다."

적어도 지금 이 시대의 서양 수학에서는 무한소란 개념은 존재조차 하지 않는다. 이는 아리스토텔레스가 실무한[12]의 개념을 인정하지 않은 것에서 기인한다. 비록 아르키메데스 님이 서양 최초로 무한소를 자신의 이론에 이용했다고는 하나, 그분조차도 이에 관해서는 직접적인 언급은 피했고, 개념 정립 또한 하지 않았다. 서양 수학사에서 무한소란 개념이 제대로 등장한 것은 미적분의 개념이 정립된 무렵인 17세기에나 이르러서다.

"한없이 큰 것과 한없이 작은 것이라? 흠. 내가 알고 있는 정의와는 좀 다른데? 그렇다면 혜시가 예로 들었던, '1자 길이의 매를 반씩 계속

---

12 자연수 1, 2, 3, …과 같이 한없이 생성하는 무한을 가무한이라 하고, 이러한 가무한의 과정 전체를 하나의 완결된 집합으로 파악할 때, 이를 현실적으로 존재하는 무한으로서 실무한이라 한다. 예를 들어, '자연수 전체의 집합', '모든 실수의 집합' 등이 있다. 아리스토텔레스는 가무한의 존재는 인정했으나 실무한의 존재는 부정하였다.

해서 잘라내면, 그 매는 영원히 사라지지 않는다'는 명제를 논파하는 조건문도 무한소의 정의로부터 설명해 볼 수 있겠니?"

입이 다물어지지 않았다. 정말로 지금 이게 이 시대에서 논의가 가능한 수학 수준이란 말인가? 혜시라면 심지어 아르키메데스 님이나 유클리드보다도 옛날 사람이 아닌가.

승상께서는 특유의 인자한 미소로 묵묵히 내 대답을 기다리셨다. 그러고 보면 이렇게 내가 계속 놀라기만 할 때가 아니다. 아마도 승상께서 내게 맡기려고 하셨다는 임무란, 이런 질문들에 쉽게 대답할 수 있는 수준을 상정하고서 구상한 것일 텐데 말이다.

그래. 차라리 이 시대에 맞지 않는 답을 하게 될지언정, 더는 재지 말고 최선을 다해서 대답하자.

"제가 아는 대로 답을 드리자면, 만약에 무한소가 길이를 갖는 개념일 때는 승상님께서 말씀하신 혜시의 명제를 반박할 수 없습니다. 아무리 매를 잘라낸다 해도 무한소는 여전히 남기 때문이죠."

"흐음?"

"… 하지만 만약에 무한소가 길이를 갖지 않는 개념이라면 영원히 자른 매는 결국 사라진다는 결론에 이를 수 있습니다. 따라서 혜시의 명제를 부정한 명제, '매를 반씩 영원히 잘라내면 그 매는 사라진다'를 함의하는 조건문[13]이란 '매는 무한한 무한소로 이루어져 있다'는 명제와

13 '명제를 함의하는 조건'이란 '충분조건'을 일컫는 것으로, 충분조건은 그것이 만족되었을 때 진술의 참을 보장한다. 즉, 'P이면 Q이다'에서 P를 Q의 충분조건이라 한다. 이와 반대로 Q는 P이기 위한 '필요조건'이라 한다.

더불어 '무한소는 길이를 갖지 않는다'는 명제입니다."

나는 대답을 마치고서 조심스레 승상의 얼굴을 살폈다. 내가 답한 내용은 적어도 서양 수학에서는 근대 후기에나 엄밀한 논의가 가능한 내용인데, 과연 승상께서는 이에 어떤 반응을 보이실까?

승상님은 몇 초간 알 수 없는 표정으로 고개를 갸우뚱하시더니 이내 웃음을 터뜨리셨다.

"허허허! 아주 흥미로운 대답이로구나! 마치 묵경이나 명경[14]을 공부한 적이 없는데도 앉은 자리에서 기지를 발휘하여 이치에 근접한 답을 낸 모양새인걸?"

"네? 그게 무슨 말씀이신지요? 설마 제 답이 원하셨던 답에 근접했다는 말씀이신지요?"

"그래. 네가 처음 말한 대로 무한소가 '무한히 작은 것'이라는 두루뭉술한 대상이라면 혜시의 명제를 제대로 반박할 수 없지. 그래서 일찍이 혜시는 무한소를 '내부가 될 공간을 갖지 않는 것'이라 정의했다. 그리고 공손룡은 혜시의 명제를 변형하여 '나는 새의 그림자는 움직이지 않는다'는 유명한 역설[15]을 제시하기도 했지. 설이 네 답의 시작은 다소 이

---

14 제자백가 가운데 하나인 명가의 경전으로, 근대 수학이나 물리학의 논증 방식과 발상에도 견줄 만한 논리학을 담고 있다고 평가받는다.

15 '나는 새의 그림자는 움직이지 않는다'는 제논의 역설 중에 '화살의 역설'과도 맥락을 같이한다. 나는 새의 그림자는 시간이 지남에 따라 어느 한 점을 지나게 되는데, 한순간 동안에라도 그림자는 그 한 점에 머무르고 그다음 순간에는 또 다른 어떤 한 점에 머문다. 결국 그림자는 매 순간마다 가만히 머물러 있으므로 움직이지 않는다는 논리이다.

치에 맞지 않았으나, 결론적으로는 올바른 방향을 잘 찾아간 거란다."

얼마나 더 놀라야 하는 걸까. 좀 전까지는 터무니없게도 이 시대의 수학 수준을 낮잡아 본 나 자신이 부끄러워 얼굴이 빨개졌다.

"너의 수학적 소양이 어떠한지는 대충 알겠고… 좋아. 그럼 설아. 혹시 구장산술에 대해서는 들어봤니?"

"구장… 산술이요?"

"오늘날까지도 학자들에 의해서 수정 보완되고 있는 수학 서적인데, 나는 예전에 경수창[16]의 주해본[17]으로 그 일부를 본 적이 있다. 하지만 워낙 내용이 방대하고 심오하여 중도에 포기했던 책이지."

"네? 승상께서 포기를요?"

"그래. 그 구장산술에는 농업, 상업, 공업뿐 아니라 행정, 토목, 건축, 수송 등 실제 우리 생활에 응용할 수 있는 현실적인 수학 내용이 무려 아홉 장章에 걸쳐 집대성되어 있단다."

"맙소사. 그게 사실이라면 그 책이야말로 어제 승상께서 말씀하신 관리 교육의 필수교과이겠군요?"

승상은 웃음이 섞인 기침을 몇 번 하시더니 말을 이으셨다.

"그래 그렇지. 하지만 대체 누가 그걸 가르칠 수 있겠니? 나도 중도에 포기한 책을 말이다."

---

16 경수창(기원전 1세기 무렵)은 전한 후기의 관료이자 수학자 · 경제학자 · 천문학자이다. 셈에 뛰어나 선제의 총애를 받았다.

17 주석과 해설을 첨가하여 원본을 보완해 발전시킨 책.

"아…"

"하물며 설이 너처럼 수학에 관심을 두는 이조차 드문 게 현실이야. 전란의 시대라 어찌 보면 당연하겠다만…. 그런데 얼마 전에 내가 놀라운 소식을 들었는데 말이다. 무려 그 구장산술을 어린 나이에 이미 통달해 직접 주해본까지 쓰고 계시는 분이 있다고 하더구나."

"승상께서도 포기하신 그 책을 어린 나이에 말인가요?! 그게 누군가요?"

"우리 한나라의 소열황제 유비[18] 님의 먼 친척이신 유휘라는 분이시지."

"유비 님의 친척이시면 우리나라에 살고 계신 분이겠군요!"

승상님은 내 말에 고개를 가로저으셨다.

"그분은 현재 북해에 은거해 계신다."

"북해라면… 청주에 있는? 거긴 위나라의 영역이잖아요. 어째서…"

"그럴만한 사정이 있었을 테지. 하지만 그분이 아직 조위의 관직에 올랐다는 소식이 들리지 않는 걸 보면 아마 우리 쪽에서 먼저 접근해오기를 기다리고 계실 수도 있다는 생각이 들어. 그래서 나는 설이 네가 그분을 만나 뵙고서 우리나라로 모셔왔으면 한다. 만약 그분을 우리나라로 모셔올 수만 있다면 이 나라의 관리를 교육하는 책임자로서, 또는

18 중국 삼국시대 촉한의 초대 황제로, 자는 현덕(玄德)이다. 황제로 즉위하기 전에는 한나라의 황실 성씨였으므로 유황숙(劉皇叔)이라고도 불렸다. 삼고초려(三顧草廬)로 제갈량을 등용하여 촉한의 승상으로 삼았다.

그게 아니더라도 교육 자료의 제작자로서 이 나라에 큰 도움이 되어 주실 거야."

"… 그런 큰일을 왜 제게…?"

승상님은 천천히 의자 등받이에 기대더니 미소를 지으며 답하셨다.

"사실은 나도 영 미심쩍어서 말이지. 그 소문이 사실이라면 정말 경이로운 일일 테지만, 위나라가 여태 그런 분을 등용하지 않았다는 점도 마음에 걸리고…. 무릇 소문이란 과장되거나 아예 허위일 수도 있지 않으냐. 게다가 그분의 나이가…. 더욱더 그런 의심이 커지는구나."

"그분의 나이가 왜요?"

"확실하지는 않지만, 아마 그분은 너와 비슷한 또래일 거다. 들리는 소문의 거대함에 비하면 터무니없는 나이지."

"네? 저와 비슷한 나이라고요?"

불현듯이 내 머릿속에는 '그'가 스쳐 지나갔다. 설마…

"그래서 이 일은 그분을 직접 만나 뵙고서, 어느 정도는 그분의 수학 지식을 가늠할 수 있는 이가 나서야만 한다. 하지만 지금 우리는 눈앞에 적을 마주하고 있는 상황이라 관료 중에서 적임자를 차출하기가 제법 곤란한 상황이구나. 그러던 차에 마침 네가 보인 거란다. 비록 설이 네가 내 원래 생각과는 조금 다른 듯하지만, 그래도 수학에 대한 너의 그 관심과 이해 능력이라면 이 일에 적합한 사람이라는 내 생각에는 변함이 없는데…. 설이, 너의 생각은 어떠냐?"

V.

“네가 꼭 그 일을 맡아야 할까? 아무래도 난 걱정이 앞서는데.”

수심 가득한 얼굴로 오라버니가 말했다.

“저 역시 걱정은 돼요. 하지만.”

“…”

“몇 번이고 다시 생각해 봐도 제가 이 일을 맡지 않으면 앞으로 두고두고 후회를 하게 될 것 같아요.”

“설아.”

“후훗. 일단은 승상을 만나 뵙고 설명을 좀 더 들어보기로 해요.”

“… 그래. 알았다.”

승상님은 내게 임무의 수락 여부를 결정할 하루의 시간을 더 주셨고, 밤새 나는 어느 정도 마음을 굳혔다. 유휘라는 분의 수학 지식에 강한 호기심이 든 이유도 있지만, 유휘가 ‘그’일지도 모른다는 작은 희망을 확인하고 싶어서이기도 하다.

삶이 덧씌워진다고 해서 없었던 지식이 생기지는 않는다. 하지만 덧씌워지는 인격과 해당 시대의 인격은 같기 때문에, 만약에 ‘그’의 수학적 재능이 예리하게 갈고 닦인 모습이 유휘라면 충분히 가능성 있는 이야기다. 물론 시기상 아직은 그가 유휘로 덧씌워지기 전이겠지만, 여기서 북해까지는 먼 거리이니 혹시 또 올지 모르는 지금의 삶의 끝을 마주하기 전에 그를 만나기 위해서는 늦기 전에 부지런히 움직여야 한다.

다만 이 일은 국경을 넘어 위나라로 잠입하는 일이므로 나를 지극히 아끼는 강유 오라버니의 반대가 거셀 것이 뻔했고, 승상님도 이를 염두에 두신 건지 내게 결심이 서면 오라버니를 대동하여 막사로 오라 하셨다.

평소보다 분주해 보이는 병사들을 지나쳐 승상의 막사에 다다르니, 안에서 시끄럽게 설전이 오가는 소리가 들려왔다. 오라버니의 뒤를 따라서 막사 안에 들어서니 제갈 승상의 앞에서 두 장수가 서로를 향해 언성을 높이고 있었다.

그 둘의 한가운데서 한숨을 쉬며 골치 아프다는 표정을 짓고 있던 승상님은 오라버니를 보시고선 화색을 띠었다.

"오! 강유 왔는가?"

"네, 승상님. 설이도 함께 왔습니다."

말싸움을 하던 두 장수는 오라버니를 보더니 말을 멈추고 목례를 건넸다. 가볍게 화답하는 오라버니를 따라서 나도 고개를 숙였다.

"자. 위연 그리고 양의. 자네들의 의견은 충분히 알았네. 나도 좀 더 생각해 볼 테니 이만 물러가들 있게나. 지금은 강유와 따로 할 얘기가 있어서 말이네."

아! 저 두 분이 정서대장군 위연과 장사 양의로구나. 평소 원수지간처럼 사이가 안 좋다는 이야기를 듣긴 했지만, 이렇게 말다툼까지 하는 모습을 직접 보게 될 줄이야.

두 사람이 씩씩거리며 막사 밖으로 나가자, 오라버니는 혀를 차며 고개를 가로저었다.

"승상님. 두 장군이 뭐라고 했습니까?"

"후우. 그 얘기는 조금 이따 하세. 머리가 지끈지끈하구먼. 허허허,

그나저나 둘이 이렇게 같이 온 걸 보니까 설이가 마음을 먹은 게로구나?"

"네, 승상님."

"승상님. 제 동생 설이가 맡은 일에 관해선 자세히 듣지 못했습니다만, 국경을 넘어야 한다는 것은 전해 들었습니다. 그게 대체 무슨 말입니까?"

승상님은 짧게 작은 한숨을 내쉬었다. 앞서 두 장군과의 논쟁 때문인지 평소보다 지친 기색이 역력해 보였다. 하지만 이내 우릴 향해 씩 미소를 지으며 답했다.

"이리 와서 앉게. 이제부터 그에 대한 계획을 상세히 말해주겠네."

승상님은 커다란 탁자 위에 놓인 오장원 일대의 지도를 가리키셨다.

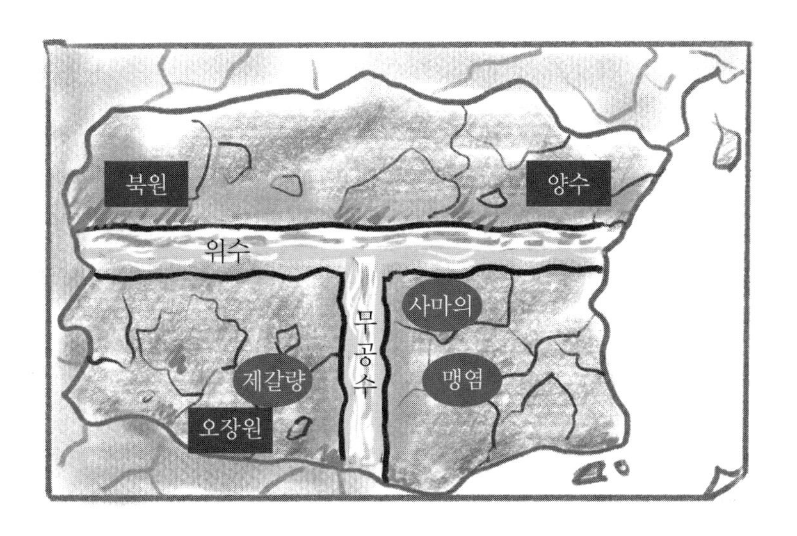

"강유 자네도 알다시피, 현재 맹염 장군이 무공수 건너편에서 우리 군의 진지를 성공적으로 확보해 놓은 상태네. 난 여기를 통해서 설이가 국경을 넘도록 할 생각이야."

"네? 거기는 현재 위나라 군세의 경계가 집중된 지역이 아닙니까? 불과 며칠 전에 사마의가 직접 이끌고 온 기병 부대와 접전도 치렀고요!"

"흥분하지 말고 찬찬히 더 들어보게. 설마 내가 설이를 사지로 내몰겠는가."

"… 무슨 계책이라도 있으신 겁니까?"

"설이가 맹염의 주둔지를 통해 위나라 국경을 넘어갈 시기는 오늘로부터 사흘 후일세. 그리고 그때는 위나라 군의 전 병력이 바로 이쪽, 위수 너머 서북쪽에 위치한 북원으로 쏠릴 테야."

"네? 북원이요?"

"자네 말대로 며칠 전의 교전에서 위나라 군은 우리에게 대패하였고, 지금은 더욱 무공수 동안에 촉각을 곤두세운 상태지. 내가 일부러 맹염 장군의 군세를 무리해서 무공수 너머에 주둔시킨 것은 바로 이것을 위함이야. 사마의의 신경을 잡아두기 위해서 말이네. 그리고 성공적으로 위나라 군의 시선을 동쪽에 잡아둔 지금이 바로, 우리가 위수 서북안의 북원을 공략할 수 있는 최적의 때지."

"성동격서聲東擊西[19]로군요!"

내내 굳어 있던 오라버니의 표정이 감탄과 함께 밝아졌다.

"우리가 북원을 점거하면 위나라 군은 농서와 연락이 끊기고, 자연히 측면과 배후가 모두 열리는 형국이 되네. 거기에 더해 우리에게 우호적인 강족과 저족의 지원까지 받아낼 수 있다면 전세는 완전히 우리 쪽으로 기우는 형국이 되지. 사마의도 북원의 이런 지리적인 중요성을 모를 리가 없으니, 우리 군이 북원으로 공략을 시작했다는 소식을 듣게 되면 곧장 전 병력을 이끌고서 허겁지겁 달려올 거네. 설이는 바로 그때 위나라 국경을 넘는 거네. 무공수 동안을 거쳐 동쪽으로 말일세."

정말 제갈 승상님의 전술은 명불허전이구나. 한두 수 정도가 아닌, 적어도 세 수 이상 앞을 내다보고 치밀하게 세워둔 전략에 소름이 돋았다.

"… 하지만 승상. 아무리 그래도 최소한의 병력은 남아 있지 않겠습니까? 물론 지휘관이 부재중인 상황에서 위나라 군사가 고작 여인 한 명에 신경을 쓸 거라 생각지는 않습니다만…."

정말 오라버니께서는 어지간히 날 걱정하는구나. 이쯤에서는 내가 안심시켜 주는 게 맞겠지.

"오라버니. 너무 염려 마세요. 만에 하나 잡졸 몇에게 발각된다고 하더라도 두셋쯤은 가뿐히 제압하고 따돌릴 수 있습니다. 그걸 위해서 오

---

19 문자 그대로는 동쪽에서 소리를 내면서 서쪽에서 적을 친다는 의미이며, 적을 유인하여 한 쪽을 공격하는 것처럼 보이다가 그 반대쪽을 치는 전술을 말한다.

라버니는 어렸을 적부터 제게 무술을 가르쳐 주신 거잖아요?"

"설아."

"후훗. 정말 걱정하지 마세요. 이래 봬도 제 나이일 적의 오라버니보다는 제가 힘도 갑절은 더 세니까요."

승상과 오라버니는 웃음을 터뜨렸다.

승상의 치밀한 계책을 듣고서 마음이 놓인 것도 있지만, 사실 뭣보다도 안심한 건 나에게 사흘의 여유시간이 더 주어졌다는 점이다. 부지런히 써나간다면 적어도 내 지난 삶들의 커다란 줄기 정도는 기록하기에 충분한 시간이니 말이다.

어긋난 계획

I.

'어째서지? 아직 우리 군의 공격 소식이 전달되지 않은 걸까?'

달을 가린 구름으로 칠흑 같은 어둠이 드리운 밤. 나는 맹염 장군의 주둔지에서 나와 위수를 건너기 위해 정황을 살펴보고 있다. 제갈 승상님의 작전대로라면 지금쯤 위나라 군 대부분이 북원에 지원하러 간 탓에 이곳의 경계는 허술해져 있어야 한다. 하지만 당황스럽게도 전혀 그렇지 않아 보인다. 한 군데쯤 빈 곳이 있을 거라 생각해서 벌써 여섯 초소나 지나쳐 왔지만, 빈 곳은커녕 모든 초소에 적의 경계병들이 2, 3인씩 조를 이뤄 주기적인 교대를 하고 있다.

이렇게 주저하고 있다간 밤이 지나가 버릴 텐데, 무리해서라도 돌파해야 할까?

다시 교대 시간이 된 건지 건너편 초소에서 위나라 병사 둘이 오는 게 보인다. 기존에 있던 둘은 간단하게 인수인계한 후, 교대를 온 병사들이 왔던 길로 돌아갔다.

더 이상 시간을 지체해 봐야 의미가 없다는 걸 느낀 나는 빈틈만 포착되면 돌파를 시도할 마음을 먹고 새로 경계를 온 두 병사를 예의주시했다. 그리고 얼마 지나지 않아 경계 중인 두 병사 중 하나가 볼일이라도 보고 오려는 건지 자리를 비우는 모습이 보였다. 해당 초소에는 단 한 명의 병사만이 있을 뿐이다.

지금이야. 이 기회를 놓쳐선 안 돼.

나는 침착한 걸음으로 위나라 초소를 향해 평원을 가로질렀다. 강유 오라버니가 예전에 알려주었던 이 방법이 과연 실전에서도 통할까? 실패하면 무력으로라도 돌파해야 한다.

“거기 누구냐!”

거리가 충분히 가까워지자 위나라 병사가 나를 알아챘는지 소리쳤다. 나는 태연하게 걸음을 유지하며 대답했다.

“좀 도와주세요. 길을 잃어서 헤매고 있습니다.”

위나라 병사는 말이 없었다. 표정이 잘 보이진 않으나 아마 예상치 못한 여자 목소리에 많이 당황한 거겠지. 다행히도 오라버니가 일러준 방법이 잘 통하는 듯하다.

어느새 나와 위나라 병사의 거리는 서로의 얼굴을 알아볼 수 있을 만큼 가까워졌다.

“아니… 왜 여인 혼자서 이런 곳에? 뭐, 방금 길을 잃었다고 하셨소?”

“네. 혹시 실례가 되지 않는다면 저를 좀 양수로 데려다주실 수 없으신지요?”

"어어… 이, 이걸 어쩐다. 일단 잠깐만 기다리쇼. 볼일 보러 간 놈이 곧 있으면 돌아올 테니. 그놈이 오면 내가 일단 우리 주둔지로 모셔다드리리다."

다행히 위나라 병사는 경계심을 푸는 듯하다. 나는 이 기세를 몰아 과감하게 초소 안까지 들어갔다. 병사는 아무런 의심 없이 나를 안에서 맞이하였다.

"아니 그런데 어쩌다 이런 곳에서 헤매고 계셨던 거요?"

"그럴만한 사정이 있었습니다. 그래도 이렇게 사람을 만나게 되니 정말 다행이네요."

"그러게 말이오. 하마터면 밤새 고생하셨을 뻔하셨소. 헛헛,"

병사는 말을 마치더니 별안간 내 얼굴을 빤히 바라봤다. 이런, 혹시라도 내 얼굴을 기억해서는 안 되는데.

"왜 그러시나요? 제 얼굴에 뭐라도 묻었는지요?"

"아, 아니오! 흠흠!"

병사는 민망했는지 고개를 돌리고선 안절부절못했다. 나는 이 기회를 놓치지 않고 허리춤에 있는 단검을 빼 검 자루로 있는 힘껏 병사의 목덜미를 가격했다.

쿵!

맥없이 바닥에 쓰러진 병사는 꿈쩍도 하지 않았다. 코에 손가락을 대어보니 다행히 숨은 쉬고 있다. 이대로라면 다른 병사 한 명이 돌아온다고 해도 큰 사태로 번지진 않을 테지.

그때였다.

"웬 놈이냐!"

놀라서 돌아보니 하필 때맞춰 나갔던 병사가 돌아와 나를 보고 있었다. 바닥에 쓰러진 자신의 동료를 확인한 적은 곧바로 초소 벽에 세워져 있는 창 하나를 들고선 날 향해 겨눴다.

혹시라도 큰 소리를 치기 전에 제압해야 해.

나는 재빨리 바닥에 쓰러진 병사의 허리춤에서 칼을 빼 들고서 놈을 향해 돌진했다. 갑작스러운 내 움직임에 당황한 적은 내 쪽으로 정직하게 창을 내질렀고, 나는 몸을 비틀어 가볍게 창끝을 피하고선 그대로 적의 목 우측에 칼을 대었다.

"잠깐만! 살려줘!"

병사는 꼼짝도 못 한 채 내게 빌었다. 어떡할까? 이대로 놈을 죽인다면 바닥에 쓰러져 있는 병사도 죽여야만 한다. 저자는 내 얼굴도 봤으니까. 하지만 이 둘을 모두 죽여도 곧 교대할 다음 병사들에게 발각될 거고, 적 부대는 발칵 뒤집힐 테지. 말도 없이 그저 두 발로만 도망쳐야 하는 나는 멀리 가지 못하고 잡히고 말 거다.

"살려드리면 저를 그냥 보내 주실 건가요?"

"네, 네?"

병사는 당황한 듯했다. 나는 재빨리 머리를 굴리며 말했다.

"저는 전쟁 중에 헤어진 저의 어머니를 만나기 위해서 먼 길을 온 사람입니다. 애초에 당신들을 해칠 마음은 없으니 이대로 저를 못 본 체만 해주세요."

"그, 그게 정말입니까?"

나는 잔뜩 겁에 질린 병사의 눈을 가만히 보다가 천천히 칼을 거두었다. 병사는 다리에 힘이 풀렸는지 그대로 바닥에 주저앉았다.

"쓰러져 있는 동료분도 그저 잠시 기절한 것일 뿐, 살아 있습니다. 확인해 보시지요."

병사는 덜덜 떨며 쓰러져 있는 자신의 동료를 쳐다보았지만, 아직 움직일 정신은 아닌지 멀뚱히 보기만 할 뿐이었다.

"두 분께는 본의 아니게 실례했습니다. 미안합니다. 그럼 전 이만."

나는 쥐고 있던 칼도 그의 앞에 내려놓고서 초소를 걸어 나왔다. 몇 걸음 걸어가던 나에게 병사가 떨리는 목소리로 말을 걸어왔다.

"사, 살려줘서 고맙습니다."

나는 가볍게 고개 숙여 인사를 건넸다. 부디 저자와 바닥에 쓰러진 병사가 나에 대해 상부에 보고하지 않기를 바라며.

Ⅱ.

과연 한때 수도였던 성답다. 전란의 때인데도 불구하고 이곳 장안성의 거리는 전국 각지와 변방에서 온 상인들로 활기가 넘쳤다. 주막에서 끼니를 때우며 오랜만에 느끼는 평화로운 분위기에 나도 모르게 감상에 젖어 들었다. 그러다 문득 건너 자리에 앉은 한 무리가 나누는 대화에서 '촉나라'라는 말이 들려왔다.

"그럼 사마의는 완전히 제갈량한테 농락당했던 거네?"

"아, 그렇지! 곽회가 없었다면 여기 위나라는 진즉에 촉나라에 점령당했을걸?"

"어휴. 하마터면 장안이 불바다가 될 뻔했구먼!"

"에이. 듣기로는 제갈량 그 양반이 그럴 사람은 아니야. 점령한 지역 주민들한테 무진장 잘해준다고 서쪽에선 소문이 자자하더구먼. 오죽하면 천수 쪽 사람들은 촉나라가 오는 걸 쌍수 들고 반긴다던데?"

"하긴… 요즘 관세 오른 거 보면 차라리 촉나라가 통치하는 게 나을 수도 있어. 조비가 왕일 때까지만 해도 괜찮다 싶었는데, 조예가 왕이 된 후로는 어찜 이리 매번 관세가 오르는지. 나 원 참."

나는 자리에서 일어나 그 무리로 다가가 말을 걸었다.

"방금 하셨던 말, 자세히 해주실 수 있나요?"

무리 사람들은 내 말소리에 일제히 고개를 돌려 나를 보았다. 그중 턱수염이 덥수룩한 남자가 대답했다.

"무엇을 말이오?"

"아까 사마의와 곽회 그리고 촉나라 얘기 말이에요."

"여기 분이시오? 아직 소식을 못 들었나 보구먼. 며칠 전에 촉나라랑 북위성 근처에서 또 한바탕했다 하오."

"그래서 어떻게 됐다던가요?"

"옹주자사 곽회가 촉나라 군이 오는 걸 사전에 예측해 잘 방비한 덕에 막았다 하오. 웃긴 건 정작 사마의는 북위로 병력을 보내지 못했다더군. 제갈량이 설마 북위로 공격해 올 줄 몰랐던 거지."

가슴이 덜컥 내려앉았다. 그렇다면 북위 공략은 수포가 되었단 말인가! 오라버니는?

"전투 규모는 어떠했다던가요? 혹시 사상자는 많았는지…?"

"큰 규모의 교전은 아니었다고 들었소. 농성하는 병력을 보고선 촉나라 군이 금방 발을 돌렸다더군."

… 그렇다면 아마도 오라버니는 무사하시겠지. 그나마 다행이다.

거하게 낮술을 한 건지 얼굴이 시뻘겋게 달아오른 사내가 말을 이었다.

"망할! 차라리 촉나라가 들어와서 전쟁을 끝냈어야 해! 허구한 날 오나라랑 싸우고 촉나라랑 싸우고. 전쟁 세금이다 뭐다 해서 우리 애꿎은 백성들만 죽어나는 거 아냐?!"

아까부터 묵묵히 듣고만 있던 백발의 남자가 말을 받았다.

"누가 아니래. 난 이번에 세관 셋을 거치는 동안 팔려고 실고 온 물건의 8할[1]이나 세금으로 뺏겼어! 이게 순 날강도 나라지 뭐야?!"

"히익. 8할이나? 난 절반 좀 넘게 뺏겼는데, 약소한 거였구먼 그려."

세금이 8할이라고? 그게 말이 되나? 아무리 전쟁물자 충당을 위해 세금을 많이 걷는다고 해도 그건 너무 과한데.

"관세를 매기는 기준이 어떻게 되기에 세금이 8할씩이나 되죠?"

백발의 남자는 날 흘긋 보더니 쏘듯이 말했다.

"말해주면 아시오? 나도 올 때마다 매번 바뀌고 복잡해져서 잘 모르

---

1 80%를 말한다. 10분의 1을 '할', 100분의 1은 '푼', 1000분의 1은 '리'라 부른다.

겠구먼."

"그래도 규정은 있을 거 아닌가요?"

"바뀐 규정이랍시고 뭘 잔뜩 적은 걸 보여주긴 했지. 근데 온통 숫자와 기호투성이라 우리 같은 사람들은 봐도 모른다오. 걷어가는 대로 그런가 보다 하는 거지."

얼굴 벌건 사내가 말을 이어받았다.

"난 세관에 아는 친구 놈이 있어서 설명을 좀 들었어. 그놈 말로는 대략 첫 세관에선 3분의 1, 그다음 세관에선 4분의 1, 그다음 세관에선 5분의 1. 이런 식으로 매겨진다고 이해하면 된다던데. 뭐, 상인들 다 굶어 죽으라는 거지."

정말 엄청나구나. 그럼 8할이란 세율이 적용됐다는 건 관별로 정해진 세율이 누적해서 더해지는 방식이란 건가? $\frac{1}{3}+\frac{1}{4}+\frac{1}{5}$은 $\frac{20+15+12}{60}=\frac{47}{60}$, 대략 $0.7833\cdots \fallingdotseq 0.8$이니까 맞는 것 같다.

하지만 이건 아무리 생각해 봐도 말이 안 되는데?

"저기, 혹시 통과 가능한 세관의 수가 제한되어 있나요?"

"그게 무슨 소리요?"

"예를 들어 최대로 통과 가능한 세관의 개수가 넷이라든지요."

백발의 남자는 헛웃음을 터뜨렸다.

"매번 규정이 요란스레 바뀌기는 하지만, 그런 건 듣도 보도 못했소. 오히려 세관 수가 예전보다 갑절은 늘었지. 이놈의 나라에서 미쳤다고 그런 규정을 만들겠소?"

"그렇다면 그거참 이상하네요. 그 기준대로라면 세관을 다섯 곳 이상 거쳐 갈 수 없을 텐데요?"

"무슨 뚱딴지같은 소리요? 마찬가지로 네 번째 세관에선 6분의 1을 내고, 다섯 번째 세관에선 7분의 1을 내면 지나갈 수 있다는 말이지."

"아뇨. 다섯 번째 세관은 거쳐 갈 수 없어요."

사람들은 내 말이 어처구니없었는지 박장대소했다. 나는 침착하게 그 이유를 설명했다.

"세 개의 세관을 거치는 동안 8할의 세금을 거둬갔다는 건 세율을 누적으로 합했다는 얘기에요. $\frac{1}{3}+\frac{1}{4}+\frac{1}{5}$이 대략 8할 정도니까요. 하지만 그런 식이라면 네 번째 세관에 이르러선 $\frac{1}{3}+\frac{1}{4}+\frac{1}{5}+\frac{1}{6}=\frac{57}{60}=0.95$, 즉 총 9할 5푼을 세금으로 내게 됩니다. 그리고 다섯 번째 세관의 세율인 $\frac{1}{7}$까지 합치면 $0.95+\frac{1}{7}\fallingdotseq 1.09$, 즉 1을 넘기게 되죠. 다섯 번째 세관부터는 나라에 빚을 져야 하나요? 그렇다면 더욱이 다섯 번째 세관을 거칠 이유가 없잖아요?"

박장대소하던 사람들은 어느새 놀란 얼굴로 내 말을 경청하고 있었다.

Ⅲ.

내가 괜히 오지랖을 부린 걸까. 그간 쌓인 피로를 풀기 위해 하룻밤 정도는 장안에서 보내고자 여관방에 몸을 누였지만 문득 걱정이 된다. 정황상 백발의 남자가 세금을 내고서 수중에 남아 있어야 하는 물건의

양이 현재의 두 배가 되어야 한다고 일러준 것이 화근이었다.

내 판단에 그러한 세율 방식에서 올바른 세금 계산법은 단순 덧셈이 아닌 여분에 대한 곱셈일 테고, $\left(1-\frac{1}{3}\right)\times\left(1-\frac{1}{4}\right)\times\left(1-\frac{1}{5}\right)=0.4$, 즉 세금을 내고도 4할은 남아 있어야 한다(백발의 남자는 2할만이 남아 있다고 했다).

내 말을 들은 남자는 금세 불같이 화를 냈고, 그 즉시 장안 태수에게 이를 따지러 가겠다며 그에 동조하는 이들을 이끌고 사라져 버렸다. 혹시라도 나에게 불똥이 튀지 않아야 할 텐데.

불안한 마음과는 달리 그간 누적된 피로 탓에 어느 순간 나는 깊이 잠이 들었다.

꿈을 꾸었다.

꿈속의 나는 책상 앞에 앉아 울고 있다. 거실에서 들려오는 새 부모님의 대화를 들어서다. 새엄마는 나를 외국으로 유학 보내고 싶어 한다. 말이 좋아서 유학이지, 처음에는 날 다시 고아원으로 보내자고 했지만, 현실적인 문제로 어렵다는 점 때문에 떠올린 대책일 뿐. 결국 날 버리고 싶어 하는 거다.

두 분이 말을 마치고서 내 방 쪽으로 걸어오는 소리가 들린다. 울고 있던 나는 재빨리 눈물을 닦았다. 문이 열리며 만삭인 새엄마가, 그리고 그 뒤로 새아빠도 따라 들어온다.

도망치고 싶어.

꿈의 배경은 학교 교실로 바뀌었다. 쉬는 시간이라 교실 이곳저곳에서 아이들이 삼삼오오 모여 시끄럽게 떠들고 있고, 나는 언제나처럼

1분단 구석 내 자리에 홀로 앉아 있다. 괜히 다른 아이들 눈에 내가 외로워 보이지 않도록 가방에서 책을 꺼내 들었지만 딱히 책장의 글씨들이 눈에 들어오지는 않는다.

"서연아. 이거 먹을래?"

갑자기 들려온 내 이름에 놀라 고개를 돌려보니 '그'가 방금 매점에서 사 온 듯한 빵을 나에게 내밀고 있었다. 특유의 해맑은 미소를 짓고서. 내가 선뜻 빵을 받지 않자, 그는 내게 다른 빵을 내밀며 말했다.

"싫어? 그럼 이거는 어때?"

왜일까? 고작 빵 따위를 보고서 내 눈에 눈물이 고이는 이유는. 고작 빵 따위에.

"서연아. 도망가."

어?

"어서 빨리 도망가!"

화들짝 놀라 깨어났다. 아직 어스름한 새벽인데 밖이 이상하리만치 소란스럽다. 눈물을 닦고서 무슨 일인지 살펴보려고 방문을 살짝 열어보았다. 아니나 다를까. 위나라 병사들이 몰려와서 여관방을 하나하나 수색하고 있었다.

나는 급히 물건들을 챙겨 밖으로 빠져나왔다. 다행히 들키지 않고 여관 뒷문까지 온 찰나,

"저기 뒷문으로 도망친다!"

절대로 잡혀선 안 된다. 다행히도 하늘을 보니 해가 막 떠오르고 있었다. 지금 시각이라면 아마도 장안의 성문들은 모두 열렸을 테니, 성

문 밖까지 타고 나갈 말만 구하면 된다.

주위를 둘러보니 마침 여관 정문 쪽에 지휘관으로 보이는 자가 말 위에 앉은 모습이 보였다.

나는 재빨리 길옆에 널브러진 나무 장대 중 하나를 들고서 그를 향해 뛰어들었다. 그 병사는 갑자기 튀어나온 내 기습공격에 아무런 대응도 하지 못한 채 그대로 복부를 가격당하고서 낙마하였다.

“여자가 저기 있다!”

쿵 하는 소리를 들은 병사들이 일제히 쫓아오기 시작했다. 나는 말에 올라 전속력으로 장안성 동문 쪽으로 달렸다. 이대로 성문을 나가면 된다. 하지만 그때,

“앗!”

지긋지긋한 그 증상이 또다시 날 덮쳤고, 어두워지는 시야와 함께 나는 맥없이 말에서 떨어지고 말았다.

IV.

“어이. 너 뭐야? 왜 여기까지 들어온 거야?”

누군가가 나를 흔들어 깨운다. 온몸이 욱신욱신하다. 눈을 떠 주위를 둘러보니 나는 바닥에 쓰러져 있었고, 웬 사내가 내 앞에 쭈그려 앉아서 말을 걸고 있었다. 문득 내 손목과 발목에 강한 통증이 느껴져 쳐다

보니, 밧줄로 세게 묶였던 자국이 나 있었다. 하지만 이미 밧줄은 풀려 바닥에 널브러진 상태였다.

"여긴 사형을 앞둔 흉악범들이나 갇히는 데라서 여자가 들어올 일은 어지간하면 없는데. 너 뭐 고위 관료한테 밉보일 짓이라도 한 거냐?"

내게 말을 거는 사내를 다시 보니, 남루하고 더러운 행색이 아무리 봐도 나와 같은 수감자인 듯했다. 하지만 놀랍게도 이 사내 또한 나처럼 손발이 묶여 있지 않았고, 심지어 사내의 뒤로는 열려 있는 감옥 문도 보였다.

"누구… 신가요?"

"얀마. 내가 먼저 물어봤잖아, 너는 누구냐고. 질문에 질문으로 답하다니 웃긴 애네, 이거."

사내는 바지를 툭툭 털며 일어났다.

"나는 지금 나갈 거다. 너도 나가고 싶으면 얼른 일어나서 따라와. 뭐, 여기 있는 게 좋으면 그냥 그렇게 가만히 멍 때리면서 누워 있든지."

나는 영문을 몰라 말을 잃었다.

"에이. 거참."

사내는 내 팔을 붙잡아 억지로 일으켜 세웠다. 낙마의 충격이 컸던지 온몸이 찢어질 듯 아팠지만 이를 악물었다.

"재수 좋은 줄 알아. 나 아니었으면 너는 꼼짝없이 여기서 죽거나 반병신이 돼서 나갔을 테니까."

"왜 저를 도와주시는 거죠?"

그는 내 말에 코웃음을 쳤다.

"너 같으면 같은 방 동기를 버려두고서 혼자서만 도망치겠냐?"

"…"

그는 내 팔을 자신의 어깨에 걸치고서 날 감옥 밖으로 이끌었다.

"잠, 잠깐만. 그냥 제가 걸어서 갈게요."

그는 날 한번 흘기더니 잡고 있던 팔을 놓고선 앞장서서 걸어갔다. 나는 그런 그의 뒤를 최대한 빠른 걸음으로 쫓았다.

사내는 마치 감시병들의 위치를 모두 꿰고 있는 듯, 걸음걸이에 한 치의 망설임도 없었다. 한참을 따라가다 보니 외진 곳에서 우리를 기다리고 있던 듯한 말 한 마리가 눈에 들어왔다.

그는 주위를 한번 둘러보고서 아무도 없음을 확인하고는 입을 열었다.

"내가 준비한 말은 이 한 필뿐인데, 넌 이제 어디로 갈 거냐?"

"아, 저는 청주 쪽…"

"뭐? 청주? 너도? 허 참. 이런 우연이 다 있나. 나도 청주로 가는데?"

"…"

"잘됐네. 크크. 감옥 동기랑 가면 가는 길도 덜 심심할 테니. 내 뒤로 타라. 어차피 너도 거기까지 가려면 걸어서 가는 건 무리잖아?"

그는 말 위에 올라 날 바라보았고, 나는 잠시 고민했으나 달리 방도가 있는 것도 아니기에 그를 따라 말에 올랐다. 사내의 채찍질에 우릴 태운 말은 밤공기를 빠른 속도로 갈랐다.

"저기. 혹시 해서 그러는데, 그쪽의 이름을 말해줄 수 있나요?"

"뭐? 내 이름?"

"네."

"내 이름을 알아서 뭣하게?"

"… 확인할 게 있어서 그럽니다."

"으하하! 이름을 들으면 뭐 착한 사람인지 나쁜 사람인지라도 알 수 있는 거냐?"

"…"

"내 이름은 진태다. 그러는 네 이름은 뭐냐?"

… 괜한 생각이었구나.

"저는 강설입니다."

"설이라. 얼굴만큼이나 예쁜 이름이네."

뜬금없는 그의 말에 당황한 나는 입을 다물었다. 그렇게 우리는 한참 동안 아무런 말 없이 달렸다.

V.

"사람을 만나러 간다고? 뭐, 혹시 네 서방이라도 보러 가는 거냐?"

"아닙니다, 그런 건. 근데 왜 그쪽은 처음 봤을 때부터 제게 무례하게 말을 놓는 건가요? 저와 그리 나이 차이도 나 보이지 않는데."

나와 진태는 위나라의 수도인 낙양성의 한 음식점에서 끼니를 때우는 중이다.

"네 나이가 몇인데?"

"열아홉입니다."

"풋. 한참 어리구먼. 비슷은 무슨."

"그쪽은 몇 살인데요?"

"크크. 네가 만나러 간다는 사람이 누군지 알려주면 말해주마."

"됐습니다. 말을 말지요."

"그렇게 자꾸 안 알려주니까 더 궁금하네? 대체 여자 혼자서 이 험난한 길을 뚫고서 만나러 가야 하는 이가 누굴까?"

나는 숟가락을 식탁에 놓고 자리에서 일어났다. 그래. 어차피 난 제갈 승상의 임무를 수행하기 위해서 온 입장. 더 이상 다른 사람과 교류할 필요는 없어. 게다가 상대가 이 남자라면 더더욱.

"이제부턴 따로 가도록 하죠. 그동안 고마웠습니다."

"엥? 목적지도 같은데 굳이? 넌 타고 갈 말도 없잖아?"

"그건 제가 알아서 할 겁니다."

"나 참. 누굴 만나러 가는지를 물어봐서 그런 거야? 알았어. 이제 안 물어보면 되잖아. 그냥 같이 가지?"

"아니에요. 그럼 전 이만."

허망하게 날 보는 그의 시선을 뒤로하고 나는 음식점을 나와서 우리가 타고 왔던 말을 매어둔 곳으로 빠르게 달려갔다. 그에게는 미안하지만, 얼핏 본 그의 돈이라면 이곳 낙양성에서 말 한 필쯤 구하는 건 그에겐 일도 아닐 거다. 그냥 재수 나빴다며 욕이나 한 번 하고 말 테지.

가면

I.

몸 상태가 정상이 아닌 데다 추적추적 비도 내리기에 오늘 하루쯤은 쉬어가고 싶었다. 하지만 방금 복양성의 한 주막에서 우연히 들은 촉나라의 연이은 패전 소식은 또다시 내 몸을 길로 내몰았다.

북원 공략에 실패했던 촉나라 군은 이번엔 서쪽으로 전력을 집중시켜 위나라 군의 시선을 잡아두고, 수비가 얇아진 양수 방면으로 공략을 시도했다고 한다. 하지만 이번에도 승상의 계책에 넘어간 사마의와는 달리, 북원 공략을 막아냈던 곽회가 또 한 번 이를 간파해 공격을 막아냈다는 소식이다. 이러다 혹시라도 촉나라 군이 오장원에서 밀려나기라도 한다면 나로선 참으로 난감해진다. 돌아갈 길이 없어지기 때문이다.

빨리 유휘를 만나서 임무를 완수해야 한다.

심란한 마음을 안고 정신없이 말을 달리던 나는 갑작스럽게 아래쪽에서 둔탁한 충격을 느끼고는 그대로 공중에 붕 떠올랐다. 공중에 뜬 채 무슨 상황인지를 재빨리 둘러보니, 아마도 누군가 땅에 쳐놓은 듯한 밧

줄에 말이 걸린 모양이었다.

그대로 땅에 부딪힌 나는 한참을 굴러가다 나무에 부딪혀 간신히 멈췄다. 인위적으로 땅에 밧줄이 설치되어 있었다는 것은 곧 누군가가 나타날 것을 의미한다. 그리고 그건 아마도 도적질하는 무리일 테고. 빨리 몸을 일으켜서 도망가야 하지만, 좀처럼 몸은 뜻대로 움직여지지 않는다.

"있다! 한 명이 걸렸어!"

한 남자의 목소리가 산을 울렸다. 그리고 이내 멀리서 사람들이 몰려오는 소리가 들려왔다. 낭패다. 들려오는 발소리를 보면 결코 적은 수가 아니다. 적어도 다섯 이상….

바닥에서 몸부림치고 있는 말을 향해 온 힘을 쥐어짜 기어갔다. 하지만 선두로 뛰어온 남자는 내가 채 말에 닿기도 전에 앞을 막아섰다. 올려다보니 그는 머리에 노란 두건을 두르고 있었다. 절망스럽게도 황건적[1]의 잔당인 모양이다.

"으흐흐. 오랜만의 월척이로구먼!"

그는 내 머리를 잡고서 강제로 들어 올렸다. 나는 재빨리 그의 허리춤에서 칼을 뺏어 들었지만, 곧 뒤통수에 전해진 둔탁한 충격으로 인해 정신을 잃고 말았다.

---

1 중국 후한 말기에 장각을 우두머리로 하여 봉기해 황건의 난을 일으킨 유적(流賊)이다. 이 난으로 인해 당시 후한의 세력은 크게 위축되었으며, 오늘날 우리가 익히 아는 삼국지(三國志)의 배경이 마련되었다.

Ⅱ.

챙! 쉬익 쉭! 채앵!

칼들이 부딪치는 소리에 정신을 차렸다. 눈 떠보니 누군가 홀로 무려 열 명 정도의 황건적 무리를 상대하고 있었다. 무슨 일인지는 모르겠지만 모두의 정신이 저기에 쏠린 지금, 빨리 여기를 벗어나야 한다.

그런데 싸우고 있는 자의 모습이 왠지 모르게 낯이 익었다. 눈에 힘을 주고 자세히 보니 그는 얼마 전에 낙양성에서 내가 뿌리치고 온 진태라는 사내가 아닌가!

차마 그냥 갈 수는 없었다. 내 바로 앞에서 등을 보이는 큰 몸집의 황건적을 급습했다. 그의 칼을 빼앗아 성공적으로 목에 칼까지 대고서 싸우고 있는 이들을 향해 소리쳤다.

"다들 싸움을 멈추세요!"

황건적들과 진태는 일제히 내 쪽을 보았다. 나를 본 황건적들의 눈이 휘둥그레졌다.

"두, 두목!"

아하. 아마도 내가 잡고 있는 이 자가 저들의 두목이었나 보다.

"다들 무기를 땅에 내려놓으세요! 순순히 나와 저 남자를 보내 주면 이 자를 죽이지 않겠습니다! 지금부터 다섯을 세지요!"

"크윽… 이년이!"

"움직이지 마세요. 본의 아니게 베여도 책임 못 집니다. 하나!"

나는 칼을 쥔 손에 더욱 힘을 주었다. 그는 떨리는 목소리로 부하들에게 말했다.

"다, 다들 일단 이 여자 말을 들어. 나, 나 죽는다!"

"둘!"

황건적들은 주춤주춤 자신들이 들고 있던 칼을 땅에 내려놓았다. 그 모습을 보고 진태는 헛웃음을 짓고선 내 쪽으로 걸어왔다.

"야. 너 제법인데? 덕분에 살았군."

"진태. 당신이 어쩌다 여기서 이 자들과 싸우고 있던 건가요?"

"너야말로. 내 말을 훔쳐서 어디 멀리라도 달아난 줄 알았더니 고작 이런 데서 황건적들에게 잡힌 거냐?"

"그건…"

"됐다. 어쨌든 덕분에 나도 목숨을 건졌으니."

우리의 대화를 듣던 적의 두목이 바들거리며 말을 꺼냈다.

"이, 이 목소리는…?"

"?"

"방금 진, 진태라고 하셨소? 그렇다면 설마 진군님의?"

"너. 나를 아냐?"

"죽, 죽을죄를 지었습니다! 부디 저희를 용서해 주십시오!"

이건 또 무슨 상황이지? 내게 붙잡힌 자는 이제 다리까지 덜덜 떨고 있었다.

Ⅲ.

"청주병[2] 출신이라고?"

"그, 그렇습니다!"

황건적들과 그 두목은 나와 진태의 앞에서 머리를 조아리고 있다. 보아하니 이 진태라는 자는 꽤 유명인이었던 모양이다. 그것도 위나라에서 매우 높은 가문의. 그런데 왜 이런 부랑자 같은 모습을 하고서 감옥에 갇혀 있던 거지?

"청주병 출신이 왜 도적질이나 하고 있었냐? 해산 당시에 각 도처에서 정착할 집과 땅도 다 마련해 준 걸로 아는데?"

"그게…"

"설마 도적질을 하는 게 너희 본성인 거야? 남을 해치면서 사는 게 그리도 좋아?"

"그럴 리가 있겠습니까?! 저희 모두 궁지에 내몰려서 어쩔 수 없이 이렇게라도 목숨을 연명해야 했던 것일 뿐. 장담하건대 비록 도적질은 했으나 그 누구도 해친 적은 없습니다!"

"얼씨구. 함정을 만들어서 지나가던 사람들을 낙마시킨 주제에? 그리고 너희가 궁지에 내몰리다니. 건국 공신들인 너희를 누가? 왜?"

"그건…"

---

2 위나라의 태조인 조조가 설립한 특수 병과로, 사실상 위나라의 건군 1세대이다. 청주의 황건적들로 구성되었으며, 대를 물려 병역이 세습되었으나 조조가 죽은 뒤에는 해산되었다.

뒤에 있던 다른 황건적 하나가 앞으로 나섰다.

“말도 안 되게 높은 세금! 그리고 턱없는 고리대금 때문입니다요! 진태 나으리!”

“장호야!”

“뭐요, 성님! 아 제가 뭐 틀린 말 했습니까!? 우리 중 땅 안 뺏기고 집 안 뺏긴 사람이 한 명이라도 있답니까? 다들 그렇게 국가가 내쫓은 사람들이잖수!”

진태의 표정이 일그러졌다.

“전쟁물자 조달로 인해 나라에서도 어쩔 수 없이 세금을 높게 책정했다는 걸 너희들이 모르느냐! 그리고 제아무리 세금이 높다고 해도 감당은 될 수준일 터. 고작 그런 이유가 이런 도적질의 변명거리란 말이냐!”

“감당될 수준이라뇨? 나리께서 전혀 모르고서 하시는 소립니다!”

“…”

황건적의 두목이 말을 이어받았다.

“진태 님. 이건 저 녀석의 말이 맞습니다. 제 경우에도 일 년 꼬박 농사지어 수확한 작물의 양보다 나라에서 거둬가는 세금의 양이 더 많았습니다. 그래서 어쩔 수 없이 나랏돈을 빌려서 세금을 충당해야 했고요.”

“뭐? 그게 무슨?”

“그 빌린 돈에 붙는 이자도 상상을 초월했습니다. 결국 저의 아내와 어린 두 자식 놈들도 발 벗고 나서서 할 수 있는 일이라면 뭐든지 다 했지만, 매년 불어나는 이자조차도 감당하기 벅찼지요. 결국…"

"야! 그게 말이 되냐? 너희들 말이 사실이라면 해당 지역 태수부터 그와 관련된 관리들은 싹 다 엄벌을 받았을 거다."

"당연히 저도 제 식구들도 몇 번이고 관청으로 찾아가 부당한 세금과 이자에 대해 하소연을 했습니다. 하지만 매번 돌아오는 대답은 나라법에 저촉되지 않는다는 말뿐이었고요."

"그럴 리가…"

진태는 전혀 영문을 모르겠다는 표정이었다. 하지만 나는 어느 정도 저들의 말을 알 것만 같다. 일전에 장안성에서 들은 턱없이 높았던 관세도 그랬고. 이는 아마도 관리들이 백성들의 수학적 무지를 파고들어 국가정책을 자기들 마음대로 적용한 결과일 거다. 구체적인 사정은 알 수 없으나 예를 들어 정책상으론 단리 방식[3]인 이자를 복리 방식[4]으로 책정했다든지, 아니면 어쩌면 의도하지 않았지만 관리들 본인들의 수학적 무지로 인한 과실일 수도 있다. 제갈 승상님도 일전에 그런 말씀을 하셨다. 가뜩이나 힘든 백성들이 고혈이 짜내진 후에 허무하게 버려지고 있는 게 현실이라고.

황건적 무리가 하는 이야기를 모두 듣고 난 진태는 자신의 품에서

---

3 원금에 대해서만 이자를 부치는 방식. 예를 들어 매월 5%의 이자율이라면 단리 방식에서 100원에 대한 1년 이자는 60원($100 \times 0.05 \times 12$)이 된다.

4 원금뿐 아니라 원금에서 생기는 이자에도 또다시 이자를 부치는 방식. 예를 들어 매월 5%의 이자율이라면 복리 방식에서 100원에 대한 1년 이자는 약 80원($100 \times \{(1.05)^{12}-1\}$)이 된다.

적지 않은 돈을 꺼내 무리의 두목에게 쥐여줬다. 두목은 거듭 감사하다며 절을 했지만, 이런 돈 몇 푼의 적선으로는 근원적인 문제 해결이 되지 않는다는 걸 진태도 알고 있는지, 표정이 썩 좋지 않았다.

Ⅳ.

"아앗!"

급히 고삐를 당겨 말을 멈췄다.

"왜 그래? 무슨 일이야?"

아찔한 기운이 온몸으로 퍼져나갔다. 말에서 떨어지지 않기 위해 말목을 감싸 안고 엎드린 자세로 침착하게 초를 세어나갔다. 1, 2, 3, 4, …

괴로운 시간은 어느덧 100초를 넘어갔다. 이번에는 140초 언저리까지 이어지겠구나. 예상대로 140초쯤을 세고 나니 통증은 깨끗하게 사라지고 눈앞도 다시 밝아졌다.

"휴우…"

"야. 너 말이야. 아무리 봐도 몸이 정상이 아닌데 왜 이리 무리하면서까지 빨리 북해성에 가려는 거냐? 대체 누굴 만나려고?"

"아직도 그 질문이신가요? 참 고집 있으시네요."

"나 참. 끝내 알려주지 않는 너는 어떻고? 자, 앞을 봐라."

나는 그가 손가락으로 가리키는 방향을 보았다. 북해성이다. 드디어

도착했구나.

"… 그동안 감사했습니다. 말은 돌려 드릴게요."

"아, 맞다. 그거 원래 내가 타고 왔던 말이었지?"

나는 말에서 내려 고삐를 진태에게 내밀었다. 하지만 그는 받지 않고 멀뚱히 쳐다만 보고 있었다.

"됐다. 너 가져."

"네?"

"그 녀석 끌고 다니는 게 더 귀찮겠다. 그냥 길동무가 준 선물이라 생각해."

"그래도."

"갚을 마음이 있으면 차라리 나중에 돈으로 갚아라. 보니까 그놈도 널 잘 따르는 모양이고."

"…"

"하는 짓을 보니 너 이제부터 따로 가자고 말하려던 참이었지? 크크. 이번에는 내 쪽에서 먼저 떨어져 주마. 덕분에 오는 길 재밌었다! 그 만나겠다던 사람도 잘 만나라. 이 도둑아."

그는 마지막으로 특유의 웃음을 지어 보이고서, 북해성 쪽으로 말을 달려갔다. 제법 멀리까지 가는 걸 본 나는 다시 그가 놓고 간 말 위로 올라 천천히 앞으로 나아갔다.

자, 이제부터 어떻게 유휘를 찾아야 할까? 원래는 북해성에 도착하면 무작정 수소문해 볼 생각이었지만, 실제로 성을 마주하고 보니 예상보다도 그 규모가 커 차마 엄두가 나지 않는다. 이래서야 흡사 모래사장에서 바늘 찾는 격일 테지.

이런저런 고민을 하다가 문득, 떠나기 전에 제갈 승상님이 하셨던 말씀이 떠올랐다. 유휘는 일찍이 구장산술을 통달하여 그에 관한 주해본을 집필했다는 말이. 그렇다면 혹시 북해성의 책 판매상을 찾아가 보면 유휘가 썼다는 그 주해본을 구할 수도 있지 않을까? 그리고 어쩌면 판매상에게서 유휘에 대한 정보도 얻어낼 수 있을지 모른다.

오랜만에 수학책을 볼 생각을 하니 마음이 한껏 들뜬다. 이게 대체 얼마 만인가. 지금의 삶에 덧씌워진 이후로는 처음 보게 되는 책이다. 말에 올라 달려가는 기분이 모처럼 가볍다.

V.

북해는 수도인 낙양과는 멀리 떨어진 변방이고 황건적의 난으로 황폐해진 적도 있었다고 한다. 하지만 공융이 통치를 맡았던 약 6년 동안 눈부신 발전을 이뤄낸 덕에 그동안 내가 거쳐 왔던 다른 큰 성들에 견주어 봐도 절대 뒤떨어지지 않는 모습이었다. 덕분에 작은 도시라면 찾기 힘들 책 판매상 또한 어렵지 않게 찾을 수 있었다.

"주인장 계신가요?"

"네네! 어서 오십쇼!"

인상 좋아 보이는 후덕한 사내가 나를 반겼다.

"혹시 이 가게에서 수학책도 파나요?"

"아무렴 입죠! 뭐 찾으시는 책이라도?"

"유휘 선생께서 쓰신 구장산술이란 책을 찾습니다."

"아휴. 그 책은 들어오는 족족 팔리기 때문에 아마도 완전본은 여기 뿐 아니라 다른 어느 가게를 가셔도 구할 수 없을 겁니다요. 대신에 상공商功장과 방정方程장은 마침 가게에 여분이 있는데, 그 둘이라도 우선 드릴깝쇼?"

"구장산술은 원래 아홉 장[5]으로 이루어진 책 맞지요?"

"네네. 딱 보아하니 외지인이신 거 같은데 유휘 선생의 주해본을 모두 구매하시려거든 예약이 필수입니다요. 뭐, 지금도 이미 기다리는 손님들이 많아서 언제 받아 가실 수 있다고 약조를 드릴 수는 없지만 말입죠."

"그럼 일단은 여분이 있다는 그 두 권만이라도 좀 주세요."

"아, 네. 그러시죠! 안으로 들어오십쇼. 헤헤."

가게 주인이 안내하는 곳에는 제목만 봐도 한눈에 수학 서적임을 알 수 있는 책들이 가득했다. 가슴이 두근두근하다. 나도 모르게 가판대 위에 올려진 책 중에 하나를 집어 들었다. 겉표지에 '주비산경 상上권'이라 적혀 있는 책이었다. 그 아래에는 하下권도 놓여 있었다.

정말 오랜만에 보는 책다운 책이다. 그동안 겪어왔던 시대들에선 점

5 124쪽 참고.

토판이나 파피루스 또는 양피지로 된 두루마리를 책이라 불렀는데, 종이로 만들어진 책을 만지는 게 대체 얼마 만인지. 문득 서연이었던 때가 다시금 떠올라 마음 한편이 아련해졌다.

책장을 스르륵 넘기며 안의 내용을 훑어보는데, 내 눈을 사로잡는 삽화가 있어 손을 멈췄다.

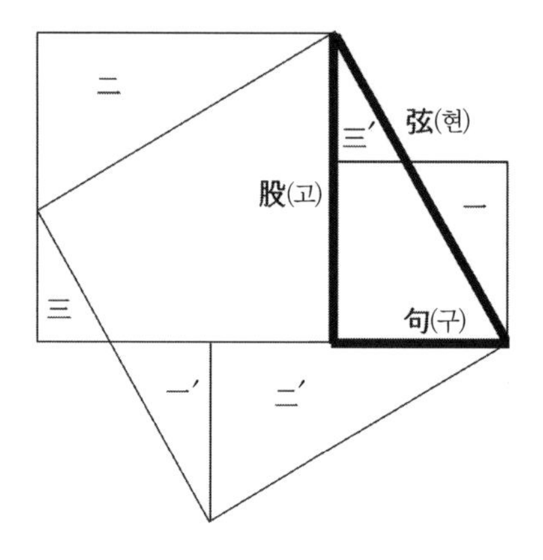

얼핏 보기에도 왠지 피타고라스의 정리와 관련이 있을 것만 같은 그림이다. 설마 하는 마음에 삽화 아래에 적혀 있는 설명문을 읽어 보았다.

직각삼각형의 구句를 한 변으로 하는 작은 정사각형에서 삼각형 一을 아래 一′로, 고股를 한 변으로 하는 정사각형에서는 삼각형 二를 아래 二′로, 三은 三′으로 각각 옮긴다. 그러면 두 정사각형 넓이의 합은 현弦을 한 변으로 하는 큰 정사각형의 넓이와 같음을 알 수 있다. 따라서 현의 제곱은 구의 제곱과 고의 제곱 합이다.

내 눈을 믿을 수 없었다. 우선 이 내용은 정확하게 피타고라스의 정리 증명이다. 그러고 보니 중학생 때 고대 중국에서도 독자적인 피타고라스의 정리가 존재했으며 이를 '구고현의 정리'라 불렀다는 내용을 책에서 봤던 것 같다.

하지만 내가 놀란 건 구고현의 정리 자체보다도 그 증명의 간결함 때문이다. 여태껏 이처럼 직관적이면서도 간단한 피타고라스의 정리 증명을 본 적은 없었다. 심지어 그 어떠한 수식도 없이 단 몇 마디 말로 피타고라스의 정리를, 아니, 구고현의 정리를 깔끔하게 증명하다니.

멍해진 나에게 주인장이 다가와 말을 걸었다.

"자, 손님. 이 두 권이 지금 가게에 있는 구장산술의 전부입니다요."

"아, 네."

"이야! 손님. 주비산경을 읽고 계셨습니까? 이제 보니 단순히 구매만이 목적이 아니라 직접 공부까지 하려던 거였군요! 놀랍습니다!"

"주인장님. 혹시 이 주비산경이 언제 쓰인 책인지 아시나요?"

"흐음. 아무래도 주나라 때 쓰인 책이니까 못해도 500년은 더 됐습죠. 사실 저도 잘은 모릅니다요. 헤헤."

그렇구나. 주비산경에서 '주'란 주나라를 일컫는 거였어. 그런데 주나라는 무려 기원전 1000년 즈음 세워졌던 고대 국가가 아니었던가? 설령 주나라가 멸망한 기원전 3세기 무렵에 이 책이 쓰였다고 치더라도 놀라운 수준이었다. 이 책의 상권은 구고현의 정리뿐 아니라 천체의 움직임을 수학적으로 설명하는 역법에 대한 내용도 아주 체계적으로 집필되어 있었다.

"주인장님은 이 책들을 공부해 보셨는지요?"

"어이쿠. 그럴 리가 있겠습니까요? 저에게 책은 그저 장사의 수단일 뿐입니다. 특히 그런 수학책들은 저 같은 아랫것이 읽기엔 너무 어렵고 말고요."

"하지만 공부하고자 하는 마음만 있었다면 절대 어렵지 않도록 잘 씌어 있는데."

"에이, 손님. 저 같은 사람이 수학을 공부해도 살면서 언제 써먹겠습니까? 사칙연산만 할 줄 알아도 사는 데 지장 없고, 당장 하루하루 먹고 살기도 바쁜데 말입죠. 헤헤. 어느 집안 자제이신지는 모르겠지만 아가씨같이 여유 있는 분이 아니고서야 수학이란 그저 사치일 뿐입니다요."

아니에요! 당신들에게는 수학적으로 사고할 수 있는 능력이 필요해요. 아니, 절실해요! 아무리 먹고살기 바쁘대도 하루에 단 한 시간, 아니 단 몇십 분의 여유조차도 없는 것은 아니잖아요!

소리치고 싶은 마음을 꾹 참았다. 흥분된 마음을 가라앉히고서 주인장이 내민 구장산술 두 권을 건네받았다.

"혹시 이것들도 좀 훑어봐도 되나요?"

"네네. 얼마든지요."

우선 그 이름이 익숙한 방정장부터 펴보았다. 제목답게 방정식에 관한 내용이 씌어 있는데, 단순한 방정식은 아니고 연립방정식을 다루고 있었다. 우선 서두에 '방정'이란 단어의 뜻을 설명하는 문장이 눈에 띄었다.

방方은 사각형 모양을 뜻하며 정程은 표현이라는 뜻으로, '방정'이란 곧 문제로 제시된 수치를 사각형 모양으로 나열한 형태를 말한다.

이게 우리가 흔히 방정식이라 부르는 단어의 어원인 걸까? 책을 좀 더 넘겨 보니 호승상소법互乘相消法[6]이라는 개념의 설명과 함께 말 그대로 사각형 모양으로 수가 나열된 연립방정식 풀이 예시가 보였다.

상등 곡식(上), 중등 곡식(中), 하등 곡식(下)의 단수와 총 알곡의 수량 관계가 다음과 같은 세 가지 조합으로 주어졌을 때, 각 곡식의 1단당 알곡을 구해 보자.

$$\text{조합 : }\begin{cases} 3\text{上}+2\text{中}+\text{下}=39 \cdots \text{우} \\ 2\text{上}+3\text{中}+\text{下}=34 \cdots \text{중} \\ \text{上}+2\text{中}+3\text{下}=26 \cdots \text{좌} \end{cases}$$

$$\begin{array}{c} \\ \text{上} \\ \text{中} \\ \text{下} \\ \\ \end{array}\begin{array}{c} \text{좌}\quad\text{중}\quad\text{우} \\ \begin{pmatrix} 1 & 2 & 3 \\ 2 & 3 & 2 \\ 3 & 1 & 1 \\ 26 & 34 & 39 \end{pmatrix} \end{array} \xrightarrow{\text{중}\times 3-\text{우}\times 2} \begin{pmatrix} 1 & 0 & 3 \\ 2 & 5 & 2 \\ 3 & 1 & 1 \\ 26 & 24 & 39 \end{pmatrix} \xrightarrow{\text{좌}\times 3-\text{우}} \begin{pmatrix} 0 & 0 & 3 \\ 4 & 5 & 2 \\ 8 & 1 & 1 \\ 39 & 24 & 39 \end{pmatrix}$$

$$\xrightarrow{\text{좌}\times 5-\text{중}\times 4} \begin{pmatrix} 0 & 0 & 3 \\ 0 & 5 & 2 \\ 36 & 1 & 1 \\ 99 & 24 & 39 \end{pmatrix} \xrightarrow{\text{좌}\div 9} \begin{pmatrix} 0 & 0 & 3 \\ 0 & 5 & 2 \\ 4 & 1 & 1 \\ 11 & 24 & 39 \end{pmatrix} \to \cdots \to$$

$$\begin{pmatrix} 0 & 0 & 4 \\ 0 & 4 & 0 \\ 4 & 0 & 0 \\ 11 & 17 & 37 \end{pmatrix}$$

---

6 각 열의 첫째 수를 서로 곱하고 빼서 소거하는 방법. 고대 중국에서 존재했던 직제법(直除法. 두 행을 마주하여 같은 행끼리 직접 빼는 방법)을 한 단계 발전시킨 방법이다.

따라서 각 품질에 따른 1단당 알곡은 다음과 같다.

$$\text{下} = \frac{11}{4}\text{알},\ \text{中} = \frac{17}{4}\text{알},\ \text{上} = \frac{37}{4}\text{알}$$

… 틀림없다. 이건 내가 서연이었던 시절 고급수학 교과서에서 보았던, 대학교에서는 선형대수학이라는 과목에서 다룬다고 들었던 '가우스소거법'[7]이다! 굳이 가우스소거법과의 차이를 꼽자면 이 호승상소법의 방정은 오른쪽에서 왼쪽의 순서로 나열하고, 각 미지수에 대응되는 계수를 행이 아닌 열로 나타내고 있다는 점 정도다.

만약 이 문제를 가우스소거법으로 풀었다면 주어진 연립방정식을… 뭐였더라? 맞아! 첨가행렬[8]. 그 첨가행렬을 다음과 같이 표현했을 것이다.

$$\begin{array}{c} \\ \text{上} \\ \text{中} \\ \text{下} \\ \\ \end{array}\!\!\begin{array}{c} \begin{array}{ccc} \text{좌} & \text{중} & \text{우} \end{array} \\ \begin{pmatrix} 1 & 2 & 3 \\ 2 & 3 & 2 \\ 3 & 1 & 1 \\ 26 & 34 & 39 \end{pmatrix} \end{array} \quad \Rightarrow \quad \begin{array}{c} \\ \text{우} \\ \text{중} \\ \text{좌} \end{array}\!\!\begin{array}{c} \begin{array}{cccc} \text{上} & \text{中} & \text{下} & \end{array} \\ \begin{pmatrix} 3 & 2 & 1 & 39 \\ 2 & 3 & 1 & 34 \\ 1 & 2 & 3 & 26 \end{pmatrix} \end{array}$$

호승상소법의 방정 가우스소거법의 첨가행렬

---

7 선형대수학에서 연립일차방정식을 풀이하는 알고리즘이다.

8 연립방정식의 계수들을 나열한 행렬로, 예를 들어 $\begin{cases} 2x+3y=4 \\ 5x+4y=1 \end{cases}$와 같은 연립방정식은 첨가행렬로 $\begin{pmatrix} 2 & 3 & 4 \\ 5 & 4 & 1 \end{pmatrix}$와 같이 표현된다.

이 표현법의 차이를 제외하면 다른 모든 원리는 마치 내가 그때 그 학교 도서관 자리에 다시 앉아서 공부하는 것 같은 기분이 느껴질 정도로 똑같다.

"저기, 손님? 그런데 혹시 언제까지 보시려는 건지요? 이제 슬슬 구매 결정을 하심이. 헤헤."

"아! 네. 이 두 권은 사도록 하죠. 얼마인가요?"

"두 권 해서 백 전만 주십시오. 그런데 참고로 저희 가게는 동탁오수전[9]은 받지 않습니다요."

나는 품에서 돈을 꺼내 건네주었다.

"어이구, 감사합니다요. 헤헤. 혹시 손님의 이름을 다른 구장산술 장들 예약 명단으로 올려드릴깝쇼?"

"아뇨, 괜찮아요. 그보다도 저는 이 책을 쓰신 유휘라는 분을 직접 찾아뵙고자 합니다."

"네? 유휘 선생을요?"

"그래서 말인데, 혹시 어디로 가면 그분을 만날 수 있을까요?"

"아마 임치로 가셔서 수소문하시면 금방 만나실 수 있을 겁니다요. 하지만 찾아간다고 해서 미리 써 놓은 책이 있어 내어주거나 하진 않으실 텐데요."

"서북쪽에 있는 임치현 말씀이신가요?"

---

9 후한 말기 동탁 집권기에 발행된 화폐로, 단순히 각종 동전에 구멍을 뚫고 바깥쪽을 갈아 작게 만들었기에 품질이 극히 조악하여 사적 주조가 횡행하였다.

"네네. 그분은 그 동네의 유명인사이시니 말입죠."

임치라면 여기서 말을 타고 금방이다. 생각보다 일이 아주 수월하게 풀리는구나.

"좋은 정보 감사합니다. 그럼 안녕히."

"아, 네! 또 오십쇼!"

마음이 가볍다. 근처에서 허기만 좀 달래고서 바로 출발해야겠다.

VI.

정말 놀라운 책이다.

한 손으로는 식사를 하며 다른 한 손으로는 방금 책방에서 사 온 구장산술 상공장을 넘겨 보며 든 생각이다.

이 장에는 주로 입체도형에 대한 수학 이론들이 서술되어 있었다. 소니아였던 시절에 유클리드의 원론을 통해서 고대의 입체도형에 관한 이론은 많이 공부했었지만, 토목과 건축 등에 곧장 접목할 수 있도록 전개된 이 책의 서술 방식은 설령 원론과 같은 내용을 다룰지라도 색다른 신선함을 주었다.

방금 본 내용은 형태가 복잡한 구조물을 만들 때 필요한 재료량을 계산할 때, 해당 구조물을 규격화된 단순한 구조물들의 결합으로 표현함으로써 쉽게 그 부피를 구하는 내용이었는데, 그야말로 공사 현장에서도 바로 적용 가능한 실용적인 예제였다.

이대로 책을 덮기에는 조금 아쉽기에 다음 쪽을 살펴보니, 이번에는 삽화 하나가 내 눈을 사로잡았다.

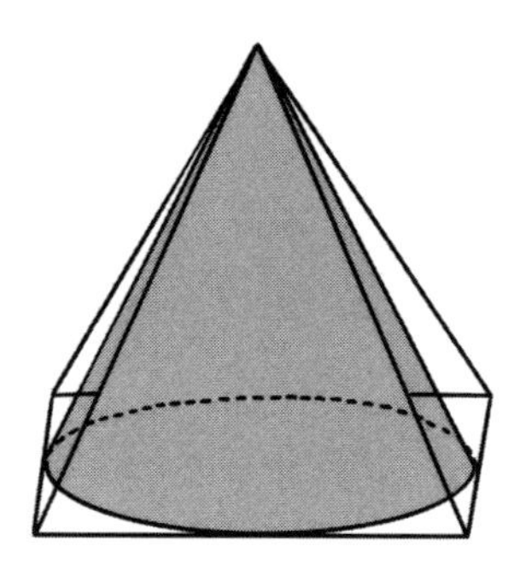

이 그림에 이어지는 글은 다음과 같았다.

원형 입체에 외접한 다면체를 회전축에 수직인 평면으로 자른 단면은 원과 그에 외접한 다각형으로 이루어져 있다. 이때 원과 다각형 넓이의 비는 정확히 회전체와 그에 외접한 다면체 부피의 비와 같다.

예를 들어 위 그림과 같은 원뿔의 부피와 외접한 사각뿔의 부피의 비는 그 아랫면인 원의 넓이와 사각형 넓이의 비와 같다.

자른 단면의 비로 회전체의 부피의 비를 구한다…? 이건 원론에서 보지 못한 새로운 내용인데?

하지만 어딘지 낯설지 않은 느낌이 들어 곰곰이 기억을 더듬어보니,

불현듯 한 수학 용어가 떠올랐다. '카발리에리의 원리[10]'! 그래. 이 내용은 바로 카발리에리의 원리다. 내가 서연이었던 시절에 공부했었던!

신기한 일이 아닐 수 없다. 방정장에서 본 가우스소거법도 그렇고 카발리에리의 원리도 그렇고. 대체 왜 이런 고도의 수학 개념들이 이 시대의 수학 서적에서 우후죽순처럼 튀어나오는 거지? 서양에선 적어도 천 년은 더 지나야 밝혀질 이론들일 텐데.

혹시 정말로… 유휘가 '그'인 걸까? '그'이기 때문에 미래의 수학 이론들을 지금 이 시대에서 책으로 남기고 있는 것은 아닐까? 하지만 율리우스 님의 지식수준으로는 이런 내용을 알지는 못할 테고. 설령 그가 정말 '그'라서 미래의 기억을 되찾은 것이라 하더라도, 내가 기억하는 '그'는 이런 이론들까지 알고 있을 사람이 아니다.

그렇지만 미래의 수학 지식을 가져온 것이 아니고서야 어떻게 유휘는 시대를 한참 앞서나간 이런 수학 서적들을 쓸 수 있었던 거지? 심지어 제갈 승상님은 유휘가 나와 나이도 비슷한 젊은 사람이라 했는데.

문득, 떠나오기 전에 승상님과 막사에서 나눈 대화 내용이 기억난다. 그래. 그러고 보면 그동안 여기까지 오면서 보고 겪은 백성들의 참담한 상황 때문에 잠시 잊고 있었지만, 그때 당시 승상님과의 대화에서도 난 이미 이 시대의 수학 수준에 대해 큰 충격을 받았었다. 그때 내가 느꼈

---

10 이탈리아의 수학자인 보나벤투라 카발리에리(1598년~1647년)가 발표하여 그의 이름이 붙은 수학 원리로, 경계면으로 둘러싸인 두 입체 V, V'를 하나의 정해진 평면과 평행인 평면으로 자를 때, V, V'의 내부에 있는 잘린 부분의 면적의 비가 항상 m : n이면 입체 V, V'의 부피의 비도 m : n이 된다는 원리다.

던 그 충격이 단순한 허상이 아니었다면, 이처럼 앞서나간 수학 서적들이 등장하는 것도 결코 우연이나 기적이라고 할 수만은 없을 것이다.

하지만 의아한 점은 있다. 이처럼 고도로 발전한 수학 수준과는 달리 백성들에게서 느낀 그 위화감…

책을 덮고 자리에서 일어났다. 아마도 여러 의문에 대한 답은 유휘를 직접 만나보면 풀리게 될 테지.

음식값을 치르고 주막을 나와 말을 달렸다. 북해성의 북문에 도달하여 통과를 위해 잠시 말에서 내려 무관심해 보이는 경비병들을 지나쳐 나왔다.

하지만 다시 말 위에 오르려는 그때, 난데없이 차갑고 날카로운 감촉이 목에 느껴졌다.

'이건… 칼?!'

나는 동작을 멈추고 고개만 살짝 돌려서 내 목에 칼을 댄 이를 확인하였다.

"유휘라는 자를 만나는 것이 네 목적이었냐? 이 촉나라 첩자 녀석아!"

칼의 주인은 진태였다.

유휘와의 만남

I.

“칼을 거두십시오! 촉나라 첩자라니 갑자기 그게 무슨 말입니까?”

“발뺌하지 마라. 네가 오장원에서 전선을 넘어 들어온 정황을 중달께서 진즉에 파악해 특별히 날 너의 미행으로 붙이신 것이니!”

“…”

“대답해라. 유휘라는 자를 만나려는 목적이 뭐냐?”

진태의 눈은 살기등등했다. 여기까지 오는 내내 한 번도 보지 못한 눈빛이다. 그동안은 일부러 허술함을 연기했던 건가.

칼날은 더욱더 강하게 내 목을 압박해왔다.

“네가 대답하지 않는다면 나는 이대로 너를 죽이고 유휘라는 자도 찾아내 죽일 거다. 단, 지금 사실대로 말한다면 목숨만은 살려줄 수도 있다.”

차가운 칼이 금방이라도 내 목을 벨 것 같은 상황이지만, 나 자신도 놀라우리만치 마음이 차분했다. 나는 죽음이 두렵지 않은 걸까?

아무튼, 현재 진태는 내가 촉에서 넘어온 사람이라고 확신하는 듯하다. 내가 유휘를 만나려는 것도 엿들었을 테고. 그러니 이렇게 칼까지 겨눈 거겠지. 하지만 지금 이 자가 나를 죽인다 한들 얻을 수 있는 건 단 하나도 없다. 어차피 유휘는 내가 자신을 만나러 가고 있다는 사실조차도 모를 테니까.

"다소 성급하지 않았나요? 지금 이렇게 당신의 정체를 드러낸 건?"

"뭐야?"

"저를 죽인다고 한들, 그리고 유휘를 찾아간다고 한들, 당신은 내 목적을 알아낼 수 없습니다."

"흥. 그거야 유휘 그자를 고문해서라도 알아내면 될 일이다."

"아뇨. 그는 내가 자신을 만나러 간다는 것조차도 모릅니다."

"…"

"차라리 이대로 저를 계속 미행해 유휘와 만나 나누는 대화까지도 엿듣지 그랬나요? 설령 지금 저를 고문한다 해도 얻을 수 있는 건 없을 겁니다."

진태는 한동안 말이 없었다. 정곡을 찔린 게지. 하지만 이제부터는 내 행동을 상당히 제약하려 할 텐데, 어떻게 상황을 풀어나가야 할까.

"갖고 있는 무장을 다 풀어라."

그는 내 목에서 칼을 살짝 떼며 말했다. 나는 순순히 허리춤에 찬 칼을 풀어서 바닥에 내려놓았다.

"뭐야, 이게 다야?"

"네."

"너도 참 보통내기가 아니군. 고작 칼 한 자루에 심지어 동행도 없이? 하긴 저번에 청주병 두목 녀석을 제압하는 걸 보고서 비범하다는 건 알아봤다만."

그는 땅에 내려놓은 내 칼을 집어 자신의 허리춤에 차고선 말 위에 올랐다.

"앞장서라."

"네?"

"유휘라는 자를 만나러 가자고."

지금으로선 달리 방도가 없다. 그가 원하는 대로 하는 수밖에. 하지만 이대로 유휘를 만났다간 나뿐 아니라 유휘까지 위험에 빠질지도 모르는데….

말을 달리며 이후 벌어질 다양한 일들을 머릿속에 그려보았다. 분명히 이 상황을 돌파할 방법이 하나쯤은 있을 거야.

그리고 마침내 한 가지 묘책을 떠올렸다. 만약 내가 그 상황까지 잘 이끌어 가기만 한다면, 진태는 유휘뿐 아니라 나에게도 함부로 위협할 수 없을 게다. 물론 문제는 내가 그 상황까지 잘 이끌어갈 수 있느냐이지만.

Ⅱ.

내가 떠올려낸 묘책이란 사실 도박에 가깝다. 유휘가 이 책들을 실제로 집필할 만큼 뛰어난 수학자가 맞는지 아닌지에 따라 결과는 달라질 게다.

만약에 전자라면, 내가 파악한 진태의 성격상 그는 함부로 칼을 꺼내기보다는 뛰어난 인재인 유휘의 마음을 사서, 유휘를 위나라에 포섭하는 선택을 할 것이다. 하지만 그 반대라면 촉나라의 첩자인 나도 아무런 가치가 없는 유휘도 곧장 위협에 노출되겠지.

부디 유휘가 제갈 승상님이 기대하신, 그런 인재에 부합하기를 바랄 뿐이다.

임치에 도착하여 유휘의 집을 찾는 건 그리 어렵지 않았다. 책 판매상의 말대로 이 동네에서 그는 꽤 유명인이었기 때문이다. 지나가며 들은 바로 그는 평소엔 학당에서 수학과 여러 학문을 가르치고 그 외의 시간에는 집에서 책을 쓰는, 그야말로 이 대전란의 시대에 어울리지 않는 지식인의 삶을 사는 듯했다.

"저 집이로군."

진태는 북해성에서 여기까지 오는 동안 단 한순간도 빈틈을 보이지 않았다. 황건적 열 명 정도와 싸워도 밀리지 않던 모습도 그렇고, 결코 가볍게 닦은 무예 수준으로 보이진 않는다.

상황은 좋지 않지만 어찌 됐든 기나긴 여정 끝에 마침내 본래의 목적이었던 유휘를 만나는 순간이다. 내 마음 한편이 묘하게 설레는 건,

유휘가 어쩌면 '그'일지도 모른다는 희망의 끈을 놓지 않은 탓일까.

나는 말에서 내려 유휘의 집 마당에 들어섰다. 진태도 내 뒤로 따라 들어왔다.

"계신가요?"

잠시 후 방문이 열리며 한 소년이 고개를 내밀었다.

"어? 누구… 신지?"

얼핏 보아도 나와 비슷한 연배거나 나보다 더 어려 보이는 남자였다. 설마 저 사람이?

"혹시 유휘 선생님이신가요?"

"네… 제가 유휘는 맞습니다만."

소년은 방문을 나와 우리 앞에 섰다.

내 안에서 여러 감정이 소용돌이친다. 모든 감각이 무의식적으로 그의 모습에서 '그'의 흔적을 찾고 있었다.

"모두 제가 처음 뵙는 분들인 거 같은데, 어쩐 일로 오셨어요?"

"아, 선생님. 만나서 영광입니다. 저는…."

나를 뭐라고 소개하지? '강설'인 나에 대해서 사실대로 얘기해야 할까?

아니야. 나도 유휘도 진태로부터 목숨이 안전하기 위해선 지금 정체를 드러내는 건 위험해. 일단은 '그 상황'까지 유도하는 것이 먼저야.

"저는 선생님의 수학적 명성을 듣고 큰 흥미를 느껴 몇 마디 문답을 청하고자 멀리서 온 설이라고 합니다. 저 사람은… 저의 수행원이고요."

나는 진태의 눈치를 살폈다. 그는 잔뜩 눈썹을 찌푸리며 나와 유휘를 빈갈아 쏘아보고 있었다. 다행히도 유휘는 진태보다는 내 이야기에 더 관심을 보이는 듯했다.

"저의 수학적 명성에, 말씀하고 계신 본인께서 흥미를 느끼셨다고요?"

"네."

"하하하. 아니 저에 대해서 무슨 소문을 듣고 오신 건지는 모르겠는데, 뭐, 혹시 조정에서 나오신 분들이세요?"

나는 품에서 구장산술 방정장과 상공장을 꺼내 보였다.

"어? 그거 둘 다 제 책?"

"여기 오기 전에 북해성의 책방에 들러서 샀습니다. 그리고 우연히 주비산경의 주해본도 보게 되었는데, 혹시 그 또한 선생님께서 쓰신 게 아닌지요? 이 책들과 필체가 같더군요."

"어어, 맞습니다. 그런데 어떻게… 혹시 제 책들을 읽어 보셨는지요?"

"시간이 충분하지 않아서 자세히 읽지는 못했지만, 대충 훑어는 봤습니다."

유휘는 입을 다물지 못하고 있었다. 저런 반응을 보이는 이유는 뭘까?

"아! 일단 안으로 들어오세요! 앉아서 얘기하죠."

그는 방으로 우리를 안내했다. 나는 유휘를 따라 들어가려는 진태의 앞을 막아섰다.

"무슨 짓이냐?"

진태가 낮은 목소리로 말했다.

"당신의 목적은 내가 유휘를 만난 이유를 알아내는 것 아닌가요? 그렇다면 같이 들어가지 말고 차라리 밖에서 엿듣는 게 나을 겁니다."

"뭐? 네가 뭔데 나에게 이래라저래라 하는 거야? 내가 네 말대로 해줄 거 같아?"

"당신이 바로 옆에 있는 한, 나도 유휘도 편하게 얘기 나눌 수 없습니다. 그러면 결국 당신이 원하는 대화 내용 또한 나오지 못할 테죠."

"흥. 웃기지 마라. 나 몰래 둘이서 쪽지라도 주고받으려는 속셈인가 본데. 내가 그것도 모를 줄 알아?"

"그렇게 정 못 미더우시면 대화가 끝난 후에 들어와서 우리 몸을 샅샅이 뒤져보시던가요."

진태는 의심 가득한 눈으로 나를 몇 초간 보더니, 다시 입을 뗐다.

"딱 1각[1]의 시간을 주마. 1각 내에 너희 둘의 대화에서 그 목적을 드러내지 않는다면 그때부턴 내가 직접 토하게 해주지."

그의 표정은 진심이었다. 나는 고개를 끄덕이고서 유휘가 들어간 방으로 걸어갔다.

---

1 약 15분.

Ⅲ.

“어? 같이 오신 분은요?”

“밖에 있겠다고 합니다. 어차피 대화를 청하기 위해 온 건 저니까요.”

“와… 근데 정말 놀랍네요. 저한테 먼저 수학 얘기를 꺼낸 분도 처음인데, 심지어 그게 이처럼 아름다우신 여성분! 아하하.”

“후훗. 저도 유휘 님께서 저의 생각보다도 더 젊으셔서 놀랐네요.”

당장에 물어보고 싶은 것은 산더미지만, 이런 대화로 허비할 시간은 없다. 진태의 성격상 1각이 지나면 칼같이 문을 박차고 들어올 테니.

“유휘 님. 조금은 단도직입적으로 여쭙겠습니다. 선생님께서 수학을 하시는 이유는 뭔가요?”

“네? 제가 수학을 하는 이유요?”

유휘는 갑작스러운 질문에 살짝 당황하는 듯했다.

“오… 이건 생각지도 못한 질문인데요? 왜 갑자기 이런 심오한 질문을 하시는 건지?”

“선생님께서 쓰신 수학책들의 수준은 감히 부족한 제 식견으로 보기에도 놀라운 경지였습니다. 그런 높은 성취에 다다르신 데에는 분명 남다른 목적이 있을 거라고 생각해서요.”

유휘는 미소 지으며 대답했다.

“아니 아까부터 제 실력을 그렇게 높게 쳐주시니 부끄럽기도 한데요. 으음… 글쎄요? 제가 수학을 하는 이유… 뭐, 제가 처음 수학을 하게 된 동기를 말씀드리자면 ‘신기하고 재밌어서’이고요.”

마치 같은 질문에 내가 대답한 듯한 답변이라 반가웠지만, 원하는 방향과는 살짝 다른 답이다.

"오면서 마을 사람들에게 듣기로는 유휘 님께서 평소에 자주 학당에 나가 수학을 가르치신다더군요?"

"아아, 네! 그러고 있죠. 근데 학생들 반응은 영 시답잖아서 사실 좀 힘들어하고 있어요. 하하."

"안 그래도 남을 가르친다는 게 여간 힘든 일이 아닌데, 사람들의 반응도 시답잖다면서 왜 굳이 학당에 나가시는 건가요?"

"…"

유휘는 의아한 표정이었다. 이쯤 되면 연이어서 질문을 쏟아내는 내 목적이 궁금할 테지. 분위기가 어색해지기 전에 좀 더 적극적으로 대화를 유도해야겠어.

"오해하지는 말아주세요. 저 역시 유휘 님과 마찬가지로 수학을 좋아하는 사람이니까요. 하지만 현실에는 우리 같은 이가 매우 드뭅니다. 더군다나 몇십 년 동안 이어지고 있는 전란의 시대고요. 이런 때에 수학의 즐거움을 사람들에게 전파하겠다는 것은 제가 보기엔 조금은 터무니없는 이상을 그리시는 게 아닐까 싶습니다."

"… 네. 맞죠. 그건 설 님 말씀이 정확해요. 근데 제가 수학책을 쓰는 이유도 그렇고, 학당에 나가는 이유도 그렇고. 사람들에게 수학의 즐거움을 알리겠다는, 그런 거창한 목표로 하는 건 절대 아니라서요."

"그럼 무슨 이유인지요?"

"설 님께서도 수학을 좋아하신다니까 잘 아실 텐데, 수학은 만물의 실정을 헤아릴 수 있게 해주잖아요."

나는 묵묵히 그의 다음 말을 기다렸다.

"수학은 본래 다분히도 지식을 위한 지식이라고 봐요. 묵가[2]랑 명가[3]에서도 일찍이 수학을 논리적인 명제들로부터 엄청 추상적으로 그려냈고요. 저도 그 끝이 안 보이는 이성적 사고 세계에 매료돼서 수학에 빠져든 거지만, 고맙게도 수학은 이런 우리에게 그저 사고하는 즐거움만을 선물해 주진 않잖아요? 때로는 신명의 덕도 체득하게 해주고, 때로는 자연을 이해하는 방법도 터득케 해주죠. 저는 바로 그 점이 요즘 같은 때에 억지로라도 수학을 전파해야만 하는 이유라고 생각해요. 우리 사람은 자연을 알아야 비로소 현명하게 사는 법을 깨닫고, 우리가 사는 이 사회의 규범도 그런 자연의 질서 원리에 따라서 만들어져야 조화로워지니까요."

"수학 없이는 자연의 질서를 파악하기 어려우며, 사회 규범 또한 조화로워지기 어렵다는 말씀이신가요?"

"네. 그렇죠. 역시 한 번에 바로 알아들으시네요!"

그래. 바로 이 흐름이다. 밖에서 진태가 이 모든 대화 내용을 잘 엿듣고 있겠지. 이제 구체적인 사례로 그의 마음에 쐐기를 꽂아야 해.

---

2 묵가는 춘추전국시대의 제자백가 중 유가, 도가, 법가와 함께 주요 철학 학파였다. 묵자를 시조로 하며, 주요 사상은 겸애(보편적인 사랑), 천지(유일신에 대한 믿음), 상동(윗사람에 대한 복종), 절약, 비명(운명론 부정) 등이다.

3 제자백가 중 하나인 명가는 논리학자들의 집단으로, 흔히 고대 그리스의 소피스트와 비교되곤 한다. 시조는 춘추시대 정나라의 등석(생몰년 미상)으로 알려져 있다.

“여기로 오는 길에 퇴역한 청주병들이 나라로부터 땅과 집을 모두 세금으로 몰수당해 다시금 황건적 무리로 변모한 것을 봤습니다. 혹시 선생님께서는 이 또한 수학의 부재와 연관 있는 일이라 생각하시나요?”

“아, 그건 당연한 거죠. 제가 장담하는데, 그 수는 앞으로도 더 늘어나면 늘어났지 절대로 줄어들지는 않을 겁니다.”

“왜 그렇죠?”

“설 님께서는 그 사람들 중에서 하물며 자기 경작지의 크기를 정확하게 계산할 줄 아는 사람이 몇이나 될 거라 보세요? 하물며 땅 크기조차 제대로 계측 못 하는 사람들이 나라에서 부과하는 세금의 정합성은 따질 수 있을까요? 게다가 요즘엔 토지 구획 변경도 무지 잦잖아요.”

… 그렇구나. 청주병이 해산되고서 병사들은 나라에서 각지에 마련해준 땅으로 정착했을 테지만, 본래 자신이 살던 곳도 아니었으므로 부과되는 세금을 검증할 능력은 없었을 게다. 이를 파고든 관리들의 영악한 수에 꼼짝없이 당했을 테고.

막연하게만 짐작하고 있었던 상황이 한결 더 명확해지는 기분이다.

“이자 계산도 마찬가지죠. 뭐, 그런 것들 말고도 사실 모든 게 다 마찬가지예요. 토지를 구획하든 물건을 나누든 거대한 건설 작업을 하든 곡물을 교환하든 그 어느 것 하나도 수학적인 사고 없이는 결코 합리적일 수 없어요. 왜 나날이 배고픈 백성의 수가 늘어날까요? 전란의 시대라서? 그런 이유 때문이라면 배부른 관리의 수도 똑같이 줄어들어야 맞는 거겠죠. 그런데 오히려 그런 관리들은 더 많아지고 있어요. 지금 이

상태로는 아무리 풍요의 시대가 온다고 해도 마찬가지일 거예요. 모든 사람이 사람답게 살기 위해서는, 일단 그 즐거움은 둘째 치더라도 끊임없이 수학과 마주해야 하죠."

구구절절 옳은 말이다. 어쩌면 나는 그동안 여러 시대를 거치면서 수학을 너무 순수한 지성 체계로만 여겨왔던 게 아닐까 싶다. 기초 소양으로서의 수학이 무너진 세상이 얼마나 사람들을 궁지로 내몰 수 있는지는 생각해 보지도 않고 말이다. 과연 이 시대의 백성들에게도 수학이란 그저 지성의 장場일 뿐인 걸까?

유휘는 한 차례 한숨을 내쉬고서 말을 이었다.

"솔직히 저도 힘들어요. 사람들 반응도 시큰둥한데 저라고 무슨 기분이 나서 학당에 나가겠어요. 그저 누군가는 해야 할 일인데 아무도 안 하니까. 그래서 저라도 해야 할 거 같으니까, 사명감으로 학당에 나가는 거예요. 잠잘 시간, 밥 먹을 시간 줄여가며 수학책을 쓰는 이유도 마찬가지고요."

이 정도면 충분해. 밖에서 엿듣고 있을 진태에게도 유휘의 인재로서의 가치가 충분히 전달되었을 거야.

해냈다는 마음에 온몸의 긴장이 풀리며 나도 모르게 미소가 지어졌다. 됐어. 이제 나도 유휘도 살 수 있어.

"왜, 왜 웃으세요? 혹시 제가 너무 장황하게 말했나? 아… 그러니까 요약해 드리자면."

이제 내 차례다. 내가 원한 방향대로 잘 대답해 준 유휘에게 내 정체와 목적을 밝힐 때야.

"아닙니다. 선생님의 답을 듣고서 비로소 제 마음이 개운해져 웃음이 나왔네요. 저 역시 선생님의 견해에 마음 깊이 공감합니다. 이는 비단 저뿐 아니라 저를 선생님께 보내신 분께서도 마찬가지이실 거고요."

"… 설 님을 제게 보내신 분이요? 그게 누군데요?"

"조금 늦은 것 같지만, 이제야 제 소개를 제대로 드리네요. 저는 촉한의 평양후 강유 장군의 친동생인 강설이라고 합니다. 그리고 저를 선생님께 보내신 분은 바로 그 촉한의 승상이신 제갈공명이십니다."

유휘의 두 눈이 몹시 크게 떠졌다.

IV.

잘 벼려진 칼을 차고 온 내 모습에 유휘는 적잖이 놀란 눈치였다. 그러고 보면 유휘의 눈에는 내가 얼마나 특이한 사람으로 보일까? 생각해 보면 웃음이 나온다.

"아니… 누님! 잠깐 나갔다가 오신다더니 그게 웬 칼이에요? 누나 혹시 칼도 쓸 줄 알아요?"

"후훗, 그래. 혹시 모르는 상황에서 널 지켜주려고 사 왔어."

"네? 저를요?"

유휘는 나보다 동생이다. 수학이라는 공통의 관심사를 가진 우리는 깊은 대화를 몇 마디 주고받은 후로 금세 가까워졌다. 마음이 맞는 사람을 만났다는 건 참 기쁜 일이지만, 아쉽게도 유휘는….

내가 대비하려는 '혹시 모르는 상황'이란, 언젠가 다시 돌아올 진태의 위협을 말한다. 그날 진태는 한참의 시간이 흘러도 방에 들어오지 않았고, 문을 열어 살펴보니 홀연히 사라진 뒤였다. 유휘의 가치를 못 알아볼 리 없는 그가 우리에게 쉽사리 칼을 들이밀지 못할 거란 계산은 했었지만, 그렇게 사라질 줄은 몰랐다. 짐작건대 아마도 사마의에게 보고하러 간 걸 테지. 가까운 북해성에서 서신을 띄웠다고 해도 사마의로부터 답신을 받기까지는 제법 시간이 걸릴 테지만, 답신이 오는 즉시 진태가 다시 우리 앞에 나타나리란 건 자명한 사실이다. 그게 유휘를 등용하기 위해서든 나를 해치기 위해서든 말이다.

그리고 다행히도 유휘는 나와 함께 촉으로 갈 것을 약속했다. 하지만 현재 집필 중인 구장산술 주해본의 완성과 학당 수업 진도의 완료까지는 기다려 달라고 요구했다. 국경을 넘는 일인 만큼, 유휘도 마음 개운하게 동행하기 위해서는 이곳의 일을 말끔히 정리해야 할 테지.

"글은 잘 써지니?"

"하아. 그게요, 누나. 제 성씨가 세운 나라에서 막상 귀빈 대접받을 생각을 하니까 집중이 잘 안 돼요. 어쩌죠?"

"후훗. 머리에 든 지식은 어른인데, 마음은 아직 영락없는 애네."

"에이, 누님. 말은 바로 해야죠! 제가 애인 게 아니라 누나가 너무 애늙은이인…"

찰싹!

나는 유휘의 등짝을 시원하게 한 대 때렸다. 아무래도 한 대로는 모자라려나?

“아악! 미안, 미안! 누나 때리지 말아요! 글씨 망가져요! 아야!”

모처럼 만에 웃음이 나온다. 문득 지금의 삶으로 덧씌워진 이후, 이처럼 편하게 웃어본 적이 있었나 싶다. 소니아였던 때에는 참 많았는데….

“휘야.”

“네, 네?!”

“너 말이야. 정말 율리우스나 엘마이온이란 이름은… 기억 안 나는 거야?”

“아, 그러니까 무슨 사람 이름이 그렇대요? 그런 특이한 이름을 가진 사람을 봤었다면 당연히 기억하겠죠.”

“그래… 설령 잊었다고 해도 이 이름을 듣는 순간에는 기억을 분명히 되찾았을 테지.”

“네?”

“… 아니야. 그건 그렇고. 혹시 휘야. 네가 책 쓰는 동안 나도 종이 좀 가져다 써도 될까?”

“아, 네. 뭐 마음껏 가져다 쓰세요. 뭘 적으시려고요?”

“일기.”

시간이 넉넉하게 주어진 지금, 그동안 밀렸던 기록을 해야겠다. 유휘가 쓰는 수학책도 이참에 틈틈이 공부해 봐야지.

V.

"휘야. 네가 이 책에 원주율[4] 값으로 $\frac{157}{50}$을 제시한 이유가 뭐야?"

구장산술의 방전方田장을 공부하던 나는 유휘가 새롭게 적어 넣은 원주율 값에 호기심이 생겼다. $\frac{157}{50}(=3.14)$은 내가 서연이었던 먼 미래에도 원주율의 근삿값으로 자주 쓰이는 수이기 때문이다. 하지만 이 책에는 왜 원주율을 3.14로 설정했는지에 관한 근거가 적혀 있지는 않았다.

"아 그거요? 사실 그거 정확한 값은 아니고 그냥 사람들이 편하게 가져다 쓰라고 대충 적어놓은 값이긴 한데."

유휘는 내 쪽으로 걸어와 마주 앉았다.

"와, 근데 누나 벌써 여기 공부해요? 왜 이렇게 진도가 빨라요? 진짜로 구장산술 처음 보는 사람 맞아요?"

"말했잖니. 나도 수학을 제법 오래 했다고."

"진짜로 보면 볼수록 신기하네요. 누나 같은 사람은 처음이에요."

"후훗. 아무튼 물어본 거에나 대답 좀 할래?"

"아, 그거요? 그냥 저는 원에 내접하는 정다각형 변의 길이로 구했어요."

"정다각형 변의 길이?"

---

4 '원주(圓周)', 즉 '원둘레'와 원의 지름 길이의 비. 일반적으로 원의 지름 길이는 1을 기준으로 하므로, 이때의 원둘레 길이인 3.141592...(= π)를 원주율이라 부른다.

"일단 지름 1짜리인 원에 내접하는 정육각형 둘레의 길이는 3이잖아요? 이 정육각형 변의 길이를 이용해서 원에 내접하는 정십이각형 변의 길이를 구하고요. 그다음엔 정24각형, 정48각형, 정96각형으로 쭉 늘리면 돼요. 정192각형까지 계산해 보면 원주율이 대략 $\frac{98157}{31250}$ 보다는 크고 $\frac{196419}{62500}$ 보다는 작다는 결론이 나오는데, 구장산술에다가는 사람들이 일상에서 쓰기 좋게 근삿값으로 $\frac{157}{50}$ 을 적어놓은 거죠."

유휘의 말을 풀이하자면 다음과 같다. 우선 아래와 같이 원에 내접한 정육각형과 정십이각형을 생각한다.

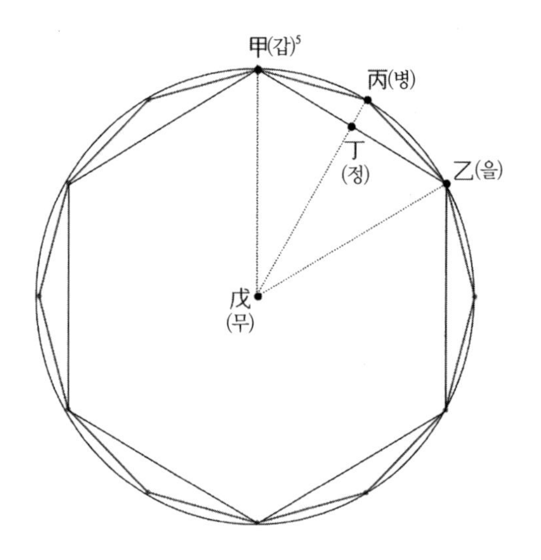

5 甲: 첫째 '갑' / 乙: 둘째 '을' / 丙: 셋째 '병' / 丁: 넷째 '정' / 戊: 다섯째 '무'

이제 원 안에 내접한 정육각형의 둘레 길이를 구한다. 원의 지름의 길이를 1이라 할 때, 원의 반지름에 해당하는 선분 갑무(甲戊)의 길이는 $\frac{1}{2}$이고, 삼각형 갑을무(甲乙戊)는 정삼각형이므로 선분 갑을(甲乙)의 길이도 $\frac{1}{2}$이다. 따라서 정육각형 둘레의 길이는 $\frac{1}{2} \times 6 = 3$이다(정육각형의 변은 모두 여섯 개이므로).

다음으로 정십이각형의 둘레 길이를 구한다. 그림에서 두 선분 갑을(甲乙)과 병무(丙戊)는 직교한다.

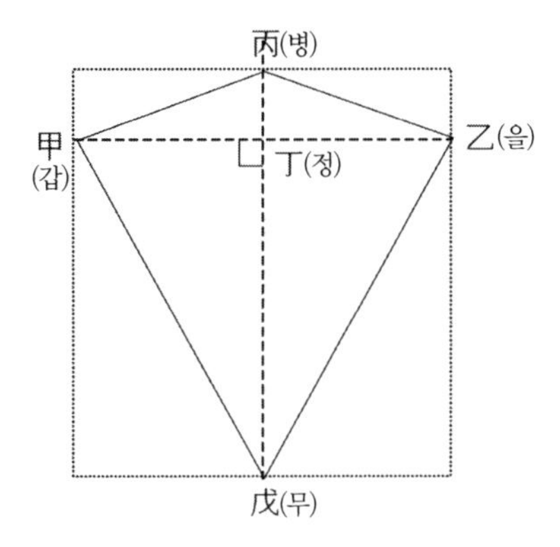

따라서 삼각형 갑정무(甲丁戊)는 직각삼각형이고, 구고현의 정리에 따라 선분 정무(丁戊)의 길이는 아래와 같다.

$$\sqrt{(\text{선분 甲戊})^2 - (\text{선분 甲丁})^2} = \sqrt{(\text{선분 甲戊})^2 - \left(\frac{1}{2} \times \text{선분 甲乙}\right)^2}$$

$$= \sqrt{\left(\frac{1}{2}\right)^2 - \left(\frac{1}{2} \times \frac{1}{2}\right)^2} = \sqrt{\frac{3}{16}} = \frac{\sqrt{3}}{4}$$

마찬가지로 직각삼각형 갑병정(甲丙丁)에서 구고현의 정리에 따라 $甲丙 = \sqrt{甲丁^2 + 丙丁^2}$ 로 선분 갑병(甲丙)의 길이도 구할 수 있다. 그리고 바로 이 선분 갑병(甲丙)의 길이가 정십이각형의 한 변의 길이이므로, 정십이각형 둘레의 길이는 $12 \times$ 갑병(甲丙)이다.

이런 과정을 한 번 더 반복하면 정24각형 둘레 길이를, 또 한 번 더 반복하면 정48각형 둘레 길이가 나오고, 이론상으로 이를 무한히 반복해 보면 원주 길이가 특정 값에 한없이 가까워진다는 설명이다.

유휘는 이를 정192각형까지 계산함으로써 원주율이 $\frac{98157}{31250}$($=3.141024$)와 $\frac{196419}{62500}$($=3.142704$) 사이에 있는 값이란 결과에 도달했다는 건데, 유휘가 계산해낸 이 범위는 적어도 내가 아는 한 아르키메데스 님이 계산했던 값보다도 더 정밀한 수치다.[6]

"정말 훌륭한 설명인데, 왜 그런 내용을 책에는 적어놓지 않은 거야?"

"뭐, 대부분 사람이 궁금해하는 건 어차피 이 값을 이용해서 땅 면적을 계산하는 거잖아요. 굳이?"

"그래도, 후손을 위해서라도 기록 정도는 남겨놓는 게 좋지 않을까? 아니면 똑같은 논리로 원 면적의 근삿값을 구하는 방식으로 서술해 보는 건 어때? 원둘레 길이를 구하는 방식 말고 말이야. 조금은 사람들에게 더 의미 부여가 되지 않을까?"

---

6 아르키메데스는 원둘레가 원에 외접하는 다각형의 둘레보다는 짧고 내접하는 다각형보다는 길다는 사실을 이용해 원주율 범위를 3.1408보다 크고 3.1429보다 작다고 결론지었다.

"오! 그거 되게 괜찮은 생각이네요. 누님은 어떻게 제 설명에 매번 그리 반응도 너무 잘해주고, 이렇게 좋은 의견도 바로바로 주는 거예요? 학당 사람들이 누나의 반의반, 아니, 반의반의 반만큼이라도 닮았으면 좋겠네요."

"후훗. 그야 나는 이런 사고방식에 익숙해져서 그런 거지. 그분들은 아직 이런 사고가 익숙하지 않은 것일 뿐이고."

유휘는 내가 공부하던 탁자에 팔을 포개고서 턱을 괴었다. 무언가 고민에 빠진 듯하다.

"누님."

"응?"

"어떻게 해야 수학적 사고가 익숙하지 않은 사람들한테도 이론을 바로바로 와 닿게 설명해줄 수 있을까요?"

휘의 고뇌를 알 것도 같다. 수학 공부는 앞서 뛰어난 수학자들이 남긴 훌륭한 서적들도 많기에, 비록 주위에서 함께 공부하는 이는 없을지언정 참고할 만한 자료는 구할 수 있었을 게다. 하지만 수학 교육은 주위에 조언을 구할 이도, 참고할 만한 서적도 없었을 테지. 게다가 수업 분위기마저 노력한 만큼에 비해 좋지 않은 듯하고.

"음. 아무래도 이론을 사람들에게 바로 설명하는 것보다는 네가 무엇을 말하려고 하는지 직관적으로 와 닿도록, 우선은 예시를 먼저 보여주는 것이 좋지 않을까? 그다음에 이론을 설명하고 말이야."

"이미 그렇게 하고는 있죠. 하물며 누님도 봐서 알겠지만, 책 쓸 때도 항상 서론 다음엔 문제 → 해답 → 풀이 → 주해[7] 순서로 서술하고 있다고요."

나는 공부하고 있던 구장산술 방정장을 앞에서부터 쭉 넘겨 보았다. 책이 종이로 된 탓도 있겠지만, 유휘의 말을 듣고서 보니 정말로 책에서 느껴지는 전반적인 분위기가 마치 내가 서연이었던 시절에 공부했던 수학 문제집과 같았다. 보다 정확하게는 교사용 문제집[8]과 닮았다고 해야 할까? 하지만 만약에 그런 관점으로 이 책을 평가한다면….

"다루는 문제 수가 너무 부족한 건 아닐까?"

"네?"

"예제는 많으면 많을수록 좋거든. 기왕에 바로 적용되는 수학책을 집필할 거라면 말이지."

"문제 수를 늘리라고요? 흐음. 나쁘지는 않은 생각 같긴 한데, 늘린다면 한 몇 문제 정도로요?"

내가 예전에 공부했던 문제집들은 한 단원에 보통 몇 문제 정도가 있었더라?

"음… 장章당 대충 30문제 정도?"

"네에?"

---

7 여기서 '풀이'는 답을 구하는 계산법과 공식 또는 정리 등을 말하며, '주해'는 해당 풀이가 성립하는 근거 및 증명 등을 말한다.

8 일반적으로 문제 부분과 해답 및 해설 부분이 분리된 학생용 문제집과 달리, 교사용 문제집은 문제마다 바로 그 아래에 해답과 해설이 적혀 있다.

유휘는 내 말에 깜짝 놀라 눈이 휘둥그레졌다.

하긴 지금 시대의 상식에서는 도저히 생각 못 할 대답이긴 하다. 제갈 승상님과의 대화에서도, 북해성 책방에서 잠깐 보았던 주비산경에서도 느꼈던 거지만 동양의 고대 수학은 서양과 마찬가지로 '수'로 풀어가는 철학에 가깝기 때문이다(철학이란 단어는 서양의 것이니 여기서는 '도(道)'라고 하는 게 맞겠다). 소니아였던 시절에 아르키메데스 님도 내게 그런 말을 하였지. 수학의 궁극적인 목표는 사물의 본질, 즉 이데아를 알아가는 것이라고.

동서양을 막론하고 고대 수학에 이러한 정서가 짙게 배어 있다는 점에서 유휘가 이런 실용적인 수학책을 집필한다는 건 그 자체만으로도 매우 놀라운 일일 것이다.

서양의 수학이 실용성을 놓치고 계속해서 논리적인 측면에만 치우쳐 발전했다면, 유휘의 이 구장산술 주해본 집필은 이미 논리적 측면을 다져온 동양 수학에 실용성까지 더하는 작용을 할 테지.

"그런데 누나. 그렇게나 많은 문제를 만들려면 시간이 진짜 무지막지하게 걸릴 거 같은데. 괜찮겠어요? 그렇게 오랫동안 안 돌아가도?"

"휘야. 누가 그걸 지금 하라고 했니? 당연히 여기에서 끝내야 할 분량은 원래 해왔던 대로 빨리 끝내고. 새 문제를 만드는 건 촉나라로 넘어가서 하든지 해야지."

"아아! 전 또 누님이 지금 당장 그렇게 해보라는 줄 알고! 아하하. 네. 거기 가서는 한번 그래야겠네요."

유휘는 민망한지 뒤통수를 긁적거리며 웃었다. 후훗. 이럴 때 보면 정말로 꼭 율리우스 님 같다니까.

오장원에 지는 별

I.

또 한 차례 그 증상을 겪었다. 지금의 삶으로 덧씌워진 이래로 이번이 12번째다. 온몸의 기운도 덩달아 빠져나간 탓에 나는 공부하던 탁자를 잠시 밀어놓고서 바닥에 누웠다. 휘가 집에 있었으면 먹을 거라도 좀 가져다 달라고 할 텐데.

저벅저벅.

밖에서 누군가 집 마당으로 들어오는 소리가 들려온다. 발걸음 소리를 봐선 휘가 아닌데 누구지?

문을 살짝 열어보고서 나는 깜짝 놀랐다.

"유휘 선생, 혹시 계시오?"

진태다. 하필이면 힘이 모두 빠진 이때! 지금은 절대로 내가 안에 있다는 걸 들켜선 안 돼.

나는 숨소리도 죽이고 바깥의 소리에 온 신경을 집중했다. 곧 있으면 휘가 학당에서 돌아올 텐데, 혹시라도 진태와 마주치면 어떡하지? 그가 무력으로 휘를 억지로 잡아가기라도 한다면 지금 내 몸 상태로 막아내는 게 가능할까?

그러고 보니 이상한 점이 있다. 어째서 진태는 병사들을 대동해서 오지 않고 단신으로 온 걸까? 무력을 행사할 생각이 조금이라도 있다면 병사들을 끌고 왔을 텐데. 혹시 혼자서도 충분히 자신이 원하는 상황을 이끌어갈 수 있다는 자신감일까?

"어어? 그쪽은?"

이런! 휘의 목소리다. 정말이지 안 좋은 상황이 연이어 일어나는구나.

"반갑소, 유휘 선생. 오랜만에 뵈오. 나를 기억하시겠소?"

"그때 설이 누님과 함께 왔던 수행원 아니신가요? 여기까지 동행하는 게 목적이셨다고…."

"푸하하. 그 여자가 그리 말합디까?"

"그런데 여긴 다시 어쩐 일로…?"

"아. 일단은 안에 좀 들어가서 얘기합시다. 가벼운 얘기는 아니니 말이오."

나는 최대한 소리 내지 않으며 내 칼이 있는 방구석으로 기어갔다. 눈치 빠른 휘가 이 방으로 들어오지는 않을 듯하지만, 혹시 모를 상황에 대비하기 위해.

"네, 그러죠. 그럼 이쪽으로 오세요."

역시 휘도 이상한 낌새를 눈치챘나 보다. 둘은 내가 있는 바로 옆방으로 들어갔고, 그사이에 나는 칼을 허리춤에 차고서 둘이 들어간 방

쪽 벽에 귀를 가져다 댔다.

두 사람이 바닥에 앉는 소리가 들리며 휘가 먼저 말을 꺼냈다.

"기왕 이렇게 자리 잡고 앉았으니까 여쭤보는 건데, 그쪽은 대체 뭐 하시는 분이세요?"

"나 말이오? 왜, 그거는 안 말해주더이까? 크크."

"…"

"나는 진태라 하오."

"네!? 진태라고요? 설마 제가 아는 그…!"

"하하. 유휘 선생이 아는 진태가 누구기에 그리도 놀라는 거요?"

"이 위나라의 사공인 진군의 아들이자, 태위인 순욱의 외손자이신 분요!"

"크크. 맞소. 그 사람이 바로 나요."

진태가 무려 그런 사람이었다고? 진군도 분명 그 이름을 들어보기는 했지만, 순욱은 익히 잘 아는 이름이다. 조조의 패업을 이루는 데 가장 큰 공을 세운 위나라의 일등 공신. 강유 오라버니는 순욱이 사실상 조조의 동업자라고 해도 과언이 아니라고 평했었지. 진태가 대단한 집안의 자제인 줄은 알았지만, 그런 어마어마한 집안이었을 줄이야.

"아니… 근데 왜 현백玄伯[1]께서 이런 누추한 곳에를 다?"

"대장군의 명으로 왔소. 당신을 우리 위나라에 등용하라는."

---

1 진태의 자.

“네? 사마중달께서요?”

나는 침을 꿀꺽 삼켰다. 어느 정도 예상은 했지만 설마 사마의가 직접 등용을 명령했을 줄이야.

“흠흠. 일전에 나도 문밖에서 선생이 그 여자와 대화 나누는 것을 들었지만, 선생은 이런 촌구석에서 썩기에는 참으로 아까운 인재요. 이제부터라도 그 중한 능력을 우리나라를 위해 쓰는 게 어떠시오?”

한동안 침묵이 이어졌다. 내 입술이 바짝 말랐다.

“깊게 고민할 필요가 없는 제안일 거외다. 중달께서 직접 명하신 것인 만큼, 첫 부임 자리부터 상당한 요직일 거요.”

“… 말씀은 정말 고맙지만, 죄송하게도 안 될 것 같아요.”

“뭐?”

“정말 죄송합니다. 귀한 기회라는 건 저도 알아요. 근데 세상엔 저보다 더 뛰어난 사람들이 차고 넘치니까, 그분들께 기회를 양보해 드리고 싶네요.”

나는 조용히 가슴을 쓸어내렸다. 하지만 이대로 괜찮은 걸까? 진태가 돌변해서 휘를 위협하기라도 하면?

“푸하하! 강설 그 여자가 어지간히도 설득해 놓았나 보군! 뭐, 사실 선생이 그리 대답할 거란 건 나도 예상하던 바요. 역시나 이렇게 나온단 말이지?”

느닷없이 진태가 자리를 박차고 일어나는 소리가 들려왔다. 안 돼! 어서 가서 막아야 한다!

나는 급히 방을 나가 둘이 있는 방문을 엶과 동시에 칼을 빼 들었다.

하지만 내 눈앞에 펼쳐진 광경은 정말 뜻밖의 모습이었다. 진태가 휘의 앞에 엎드려서 절을 하는 것이 아닌가!

Ⅱ.

"언제까지 나와 거리를 둘 거냐? 이제 같은 사부 아래서 동문수학하는 사이인데, 좀 편하게 대하지 그래? 내가 뭐, 사저師姐[2] 대우라도 해줄까?"

진태는 그 이후로 이 집에 함께 머물며 수학을 공부하고 있다. 휘가 나가는 학당에 매일 따라가 종일 수업을 듣고, 휘가 책을 쓰는 시간에는 이처럼 내 공부방에 와 복습과 자습을 하는 식이다(물론 잠은 각자 다른 방에서 잔다). 나는 못내 꺼림칙하지만 그렇다고 그를 내칠 수도 없는 노릇이기에 상시 칼을 근처에 두고서 그를 경계하는 중이다.

"나는 휘의 책을 공부하고 있긴 하지만, 그렇다고 스승과 제자 사이는 아닙니다. 그보다는 함께 공부하는 사이라고 보는 것이 맞겠죠."

"뭐? 그 말은 설마 너의 지식수준이 무려 사부님과 대등한 경지라는 소리냐?"

---

2 같은 스승을 둔 여자 선배. 남자 선배는 사형(師兄)이라 한다.

"수학 지식의 높낮이를 논하다니… 천박하네요."

"뭐야!?"

진태는 자리에서 벌떡 일어나서 날 쏘아봤다. 나는 그런 진태의 시선을 무시하고서 다시 공부 중인 책으로 시선을 돌렸다.

"너, 지금 날 무시한 거냐? 감히 내게 천박이라고?"

나는 작게 한숨을 내쉬고서 마지못해 입을 뗐다.

"수학은 학문입니다. 저마다 이룩한 사상이 있을 뿐이지, 애초에 비교할 수 있는 대상이 아니란 말입니다. 당신은 공자[3]와 노자[4]의 높낮이를 판가름할 수 있습니까? 다른 제자백가 사상가들은요? 수학 지식으로 높낮이를 따지는 건 마치 공자가 낫다느니 노자가 더 뛰어나다느니 하며 떠드는 시정잡배들이나 할 소리입니다."

진태는 나의 말에 일순간 꿀 먹은 벙어리가 됐다.

"물론 나는 그런 것과는 별개로 유휘를 진심으로 존경합니다. 그의 수학을 대하는 순수함과 성실함, 그리고 대중 교육에 대한 열정을 말이죠. 하물며 당신 같은 사람까지도 자신의 제자로 받아들이는 사람이니까요."

진태는 내 말에 뒤통수를 얻어맞은 사람 같은 표정을 잠시 짓더니

---

3 공자는 중국 춘추시대 노나라의 사상가로, 인(仁)을 정치와 윤리의 이상으로 하는 도덕주의를 설파하였다.

4 노자는 중국 춘추시대 초나라의 사상가로, 인의와 도덕에 구애되지 않고 만물의 근원인 도를 좇아 살 것을 역설하며 무위자연을 존중하였다.

곧 다시 입을 열었다.

"흠흠. 그래. 뭐 내가 조금은 경솔한 말을 한 것 같기는 하다만… 야! 그렇다고 그렇게까지 무안을 줄 건 또 뭐냐? 몰라서 한 말인데 그냥 친절하게 알려줘도 될 것을."

진태는 쭈뼛거리며 자리에 다시 앉더니 넉살스럽게 말을 이었다.

"그나저나 너의 그 뻣뻣한 태도 좀 어떻게 할 수 없어? 이 방에 올 때마다 매번 숨이 턱턱 막히는데."

"…"

"풉. 하긴… 촉한의 제갈공명이 보낸 강유의 동생! 조위의 사마중달이 보낸 진군의 아들! 이 둘이 같은 방에서 마주 앉아 있다는 것 자체가 참으로 보기 드문 광경이긴 하지. 크크. 게다가 아무리 봐도 이거 또 중달께서 공명에게 한 수 뒤처진 모양새고 말이야."

"…"

"거 농담으로 한 얘기에도 확 정색해 버리네? 너 원래 성격이 그리 삐딱하냐? 사부님한테는 잘만 웃어주더구먼."

"제 목에 먼저 칼을 댔던 사람이 누구였죠?"

"아아, 그거야 임무상 어쩔 수 없었던 거고! 나도 맡은 일에는 충실히 임해야 할 거 아니냐?"

"그럼 이번에 맡은 일은 또 무엇이기에 여기서 이리 시간을 보내는 겁니까? 이렇게 가만있는 거 업무 태만 아닌가요?"

"아니? 나 일하는 중인데?"

"네?"

"중달께서는 내게 세 가지를 명하셨다. 첫째, 유휘를 등용하라. 둘째, 그가 만약 등용을 거부한다면 다음 명령이 있을 때까지는 그의 곁에서 동향을 감시하라. 셋째, 강유의 동생은… 되도록 건드리지 마라."

"그게 사실이라고 어떻게 믿죠?"

"아, 믿든 말든 그거야 네 자유지. 아무튼 나도 겸사겸사 이참에 그 수학이란 걸 배워 보는 거다. 그런데 이거 참 알면 알수록 신묘한 학문이더군."

"?"

"그동안 조 씨와 사마 씨 사이에서 골머리 썩느라 내가 괴물로 변할 것만 같았던 차에, 모처럼 사람다운 사람이 되어 가는 기분이야. 왜 그동안 이 좋은 학문을 몰랐을까?"

확실히 그가 다른 꿍꿍이속이 있는지는 둘째 치더라도, 하루 대부분을 수학 공부로 보내는 것만은 사실이다. 비록 진도가 본인이 원하는 만큼 빨리 나가지는 않는 듯하지만, 그 태도에서 느껴지는 진정성만큼은 진짜다.

"그리고 학당에서 사부님의 수업을 들어보니 알겠더군. 왜 제갈량이 이 먼 곳에까지 널 보내서 사부님을 등용하려고 했던 건지. 이 수학이란 학문은 국가의 정합한 정책을 세우고 수행하는 데에도 필요한 학문이야. 하지만 좁디좁은 너희 땅에서 스승님 같은 인재가 있을 리는 만무할 테지."

"…"

"크크. 대놓고 네 나라를 깔보는데도 발끈하지 않네? 그 옆에 둔 칼이라도 집어들 줄 알았더니만."

"제가 화내기를 바라나요?"

"뭐, 아닌 게 아니라 한 번쯤은 너와 제대로 칼을 겨뤄보고 싶은 마음도 있긴 하다. 강유의 동생 실력이 과연 어느 정도 수준인지 궁금하기도 하고."

"당신쯤은 가볍게 이길 겁니다."

"뭐?! 푸하하! 그래! 바로 너의 그런 점이 참 맘에 든단 말이야. 배짱도 두둑한데 지혜도 남다른 데다 침착함에 결단력까지 두루 갖춘, 정말이지 보기 드문 사람이야."

진태는 사람 좋게 너털웃음을 터트렸다. 뭘까. 도통 그 속내를 알 수 없는 사람이다.

Ⅲ.

"수고했어. 어서 손 씻고 와. 안에 밥 차려놨으니."

"와, 누님 최고! 요즘 누나 때문에 학당에서 수업도 잘 안 되는 거 알아요? 오늘은 또 무슨 반찬일까 기대가 돼서. 하하."

"후훗. 교육이라는 숭고한 일을 하는 네가 우선 그 누구보다도 잘 먹고 힘내야 하지 않겠니."

휘를 따라서 들어오는 진태가 날 보더니 미소를 지었다. 나는 가볍게 목례로 답했다. 진태는 그대로 마당으로 들어오진 않고 문밖에 서서 말을 꺼냈다.

“저기, 스승님.”

“아, 네. 현백 님.”

“저는 잠시 북해성에 좀 다녀오겠습니다.”

“설이 누나가 현백 님 상까지 차려놓은 거 같은데, 같이 드시지 않고요?”

“급한 일이라서 빨리 가 봐야 합니다. 내일 오후쯤에 돌아올 터이니 설이가 차려주는 밥은 그때 와서 먹도록 하지요.”

“아… 네. 그럼 그렇게 하세요.”

진태는 그대로 매어둔 말을 풀어 북해성 방향으로 말을 달려갔다. 사마의에게 보고를 하러 가기 위함일까? 하지만 평소에 보고하러 갈 때와는 그 분위기가 사뭇 달랐다.

손을 씻고 온 유휘는 나와 함께 밥상에 마주 앉았다.

“근데 누나. 어떻게 매번 이렇게 새로운 반찬들을 만드는 거예요? 있는 재료도 얼마 없는데.”

“후훗. 요리도 마치 수학과 같거든. 재료의 본성에 대한 이해만 잘 갖춰두면 자연스럽게 다양한 응용도 할 수 있게 되지.”

“오오… 누나 이참에 한번 요리랑 수학을 결합한 책을 써보는 건 어때요? 왠지 인기 많을 거 같은데?”

“수학이라 하면 일단 겁먹고 뒷걸음치는 사람이 태반인데, 그런 책을 누가 보려 하겠니? 너나 보겠지.”

휘의 실없는 얘기에 웃음이 나왔지만, 문득 떠오르는 생각에 마음이 무겁게 가라앉았다. 혹시 내가 지금 생에 너무 많은 정을 붙이고 있는 건 아닐까? 요즘 나타나는 증상의 빈도나 고통의 크기를 보면 지금의 삶도 며칠 남지 않은 것 같은데… 이래서야 또 찾아올 이별의 순간을 잘 견뎌낼 수 있을까?

휘는 오늘따라 더 배가 고팠는지 게걸스럽게 밥을 먹어 치웠다. 그러고 보면 휘도 강설인 나처럼 부모님과 떨어져 사는 만큼, 이렇게 제대로 된 상차림이 그동안 무척이나 그리웠을 테지.

"참. 누나. 저 이제 한 이틀 정도면 끝낼 거 같아요."

"뭐가?"

"책 집필도 그렇고 수업도 그렇고요. 누님도 요새 뭐 열심히 쓰는 거 같던데, 슬슬 마무리하시고 떠날 준비 하라고요."

"그렇구나… 알았어. 갈 수 있다면 돌아가야겠지."

"?"

그래. 설령 생이 곧 끝난다고 하더라도, 살아 있는 동안만큼은 현재의 삶에 최선을 다하는 게 맞겠지.

"그런데 예정보다도 금방 끝냈네?"

"하하. 제 마음은 이미 촉나라에 넘어가 있으니까요. 책이야 원래 쓰던 거니 잠 좀 더 줄여가면서 썼죠. 문제는 학당 수업이었는데, 진현백님이 수업에 참석하신 이후로는 수업 분위기가 무척 좋아져서 예정보다 진도가 쭉쭉 잘 나갔어요."

"그래?"

"학생들이 현백 님께 잘 보이고 싶은 거죠. 오셨던 첫날부터 오늘까지 수업에서 꾸벅꾸벅 조는 사람이 어떻게 된 게 단 한 사람도 없어요. 내준 숙제들도 다들 꼬박꼬박 잘해 오더라니까요?"

"후훗. 그건 참 다행이네."

"그나저나 누나. 아직도 현백 님이랑 사이가 어색한 거예요? 아무리 봐도 괜찮은 분이신 거 같던데, 누님도 마음을 좀 열어보는 건 어때요?"

"뭐?"

"같은 남자라서 그런가, 저는 딱 알겠던데? 진현백 님, 누나한테 엄청나게 관심 있어요. 몰랐어요?"

"너도 참. 별 이상한 소리를 다 하고 그래."

"진짠데? 저만 그렇게 생각하는 건가? 하긴. 서로 적대국의 사람이니까 잘돼도 문제이긴 하겠지만… 그래도 사람 일이란 게 어떻게 될지 모르는 건데, 굳이 척을 질 필요까지는 없잖아요."

"…"

"아니면, 혹시 누나 이미 사귀는 남자친구라도 있는 거예요?"

"뭐? 남자친구?"

나는 얼굴이 화끈 달아올랐다.

"그런 게 아니면 한번 둘이 잘 해봐요. 제가 봤을 땐 둘이 꽤 잘 어울리는 거 같은데."

나는 휘의 등을 한 대 찰싹 때렸다.

"그런 얼토당토않은 소리 계속할 거면 난 그만 일어날 테니, 밥상은 네가 치워."

"에구! 누나 미안해요. 기분 나쁘시라고 한 말은 아니었는데."

남자친구라니. 그러고 보면 서연이었던 내가 만약 그대로 살았었더라면 지금쯤 성인이겠구나. 대학은 어디로 갔었을까? 비록 당시에 삶에는 미련이 없었다지만 대학 생활만큼은 한 번쯤 경험해 보고 싶었었는데.

'그'는 원하는 대학에 잘 진학했을까? 성격도 워낙 좋고 붙임성도 있으니 여자친구도 아마 지금쯤이면 사귀고 있겠지? 그가… 율리우스 님이 아니라면 말이야.

오늘따라 그 시절이 그립다. 하지만 서연이었던 그 시절의 나를 기억하는 사람은 이제 더 이상 그곳뿐 아니라 그 어디에도 없을 테지.

IV.

휘의 방에서 나는 지금 휘가 방금 마무리 지었다는 구장산술의 균수均輸장을 검토 중이다. 이 장은 세금과 관련한 비례 계산을 주로 다루고 있는데, 구체적으로는 거리에 따라 달라지는 조세와 군역 부담, 물품 수송과 이동에 드는 노동력 및 비용의 분담을 위한 계산법 등에 관한 내용이다.

휘의 말에 따르면 이 장은 구장산술의 아홉 장 중에서도 난이도가 꽤 높은 장이라 한다. 그래서 특별히 집필에 더 많은 심혈을 기울였다고 하는데, 아닌 게 아니라 이런 훌륭한 실용수학 서적은 여태껏 살면서 한 번도 본 적이 없는 듯하다. 정말 볼수록 감탄이 나오는 아이다, 휘는.

"저 다녀왔습니다!"

밖에서 귀에 익은 목소리가 들려왔다. 진태다.

"오! 현백 님 오셨나 봐요."

휘는 자리에서 일어나 방문을 열고 진태를 맞이했다. 마당에 들어선 진태는 휘에게 공손히 고개 숙여 인사를 하고선 방 안의 나를 쳐다보았다. 어제 휘에게 이상한 말을 들어서 그런지, 오늘따라 더욱 그와 얼굴을 마주하기가 어렵다.

"스승님. 혹시 지금 많이 바쁘신 겁니까?"

"아… 할 게 없는 건 아니지만, 왜요?"

"가능하다면 잠시만 저와 설이가 밖에 나가서 얘기 좀 하고 와도 되겠습니까? 꼭 둘이 같이해야 하는 일 중이셨다면, 나중에 해도 되는 얘기이기는 합니다만."

"아니, 아니에요. 지금 갔다 오세요. 책 검토는 저 혼자서 해도 되니까요."

휘는 고개를 돌려 나를 보더니 씨익 웃었다. 어휴 정말….

"어이, 설! 스승님께서도 허락하셨는데 마당으로 좀 나오지?"

어쩔 수 없이 나는 자리에서 일어나 마당에 나갔다.

"무슨 일이죠? 혹시 제가 칼을 챙겨야 한다면 지금 방에서 가져오고요."

"핫핫! 왜? 내가 네게 결투라도 신청할까 봐?"

"아니라면 그냥 이 자리에서 얘기하지요. 뭡니까? 하시겠다는 얘기는?”

“일단은 잔말 말고 그냥 따라 나와라. 좀 걷자.”

진태는 앞장서서 밖으로 나갔고, 나는 별수 없이 그를 따라나섰다.

사람이 다니는 길을 벗어나서 숲으로 들어가는가 싶더니 좀 더 걸어 도달한 곳은 큰 호숫가였다. 호수의 표면은 중천에 떠오른 태양 빛으로 눈부시게 반짝이고 있었다.

진태는 걸음을 멈추더니 풀밭에 털썩 앉고선 내 쪽을 돌아봤다.

“너도 이리 와서 앉아.”

… 이게 무슨 상황인 걸까? 저자가 설마 정말로 내게 마음이라도 있는 건가? 그렇다고 해도 이렇게 뜬금없는 행동은… 나는 어떻게 반응해야 하는 거지?

“그, 그냥 여기 서서 듣겠습니다. 할 얘기나 얼른 하시지요.”

“나 참. 누가 너를 잡아먹기라도 한대? 날 경계하는 마음이야 이해 못 할 건 아니다만, 내가 뭐 지금 칼을 차고 있기를 하냐, 창을 들고 있기를 하냐?”

“…”

나는 그와 한걸음 떨어진 옆으로 가서 앉았다. 견디기 힘든 어색함 때문인 건지 심장이 쿵쿵 뛰었다.

“너 말이야. 이제부터 놀라지 말고 들어라.”

가슴이 조마조마해서 현기증이 날 것만 같다.

“제갈량이 죽었다.”

… 뭐…?

"아무래도 시간 끄는 것보단 빨리 말해주는 편이 너에게 좋을 것 같아서 바로 말해주는 거야."

"그게 무슨…?"

"말 그대로다. 얼마 전에 제갈량이 죽었어. 사인이 뭔지는 모르지만, 그로 인해 현재 촉나라 군은 오장원에서 물러난 상태야."

"지금 그 말을 믿으라고…"

"비록 적이지만 존경했던 사람이라, 나 역시도 그의 죽음이 믿어지지 않아. 하지만 사실이다."

머리가 깜깜해졌다. 너무 큰 충격에 아무런 생각도 나지 않고 그저 멍할 뿐이다.

"어쩔 거냐? 오장원이 막힌 지금, 유휘 사부를 모시고서 촉한으로 간다는 건 만만치 않은 여정이 될 게다. 설령 간다고 한들 네 작전의 책임자인 제갈량은 이미 세상에 없어. 한마디로 사부께서 너를 따라나섰다간 그야말로 개고생만 하시는 꼴이 될 거란 말이야."

"…"

"승상을 잃은 촉한은 지금 그야말로 풍전등화의 상태일 거다. 네 오라비나 양의, 비의 등이 그 뒤를 이을 테지만 제갈량의 빈자리를 채울 수 있을 거라고 보냐? 그리고 이건 내 사견이다만, 그나마 제갈량의 힘에 눌려 간신히 통제되고 있던 위연은 이제 고삐 풀린 망아지처럼 날뛸 거다. 그런 와중에 위나라에서 건너온 이름 없는 인재 한 명한테 신경을 쓴다? 어불성설이지."

… 요목조목 맞는 말이다. 승상께서 돌아가셨다면 품계 기준으로 그

다음 군권을 대신할 이는 위연 장군일 거다. 하지만 그와 평소에 원수지 간이었던 양의 장군은 물론이거니와 오라버니도 늘 위연 장군만은 경계하곤 했었다. 이러한 촉한의 내부사정을 훤히 꿰고 있는 진태의 통찰은 한편으론 소름이 끼칠 정도다.

"그래서 말인데, 너 그냥 촉으로 돌아가지 말고 우리나라로 귀순하는 건 어때? 사부님과 함께 말이야."

"… 네?"

"너와 네 오라비는 원래 우리 위나라의 사람들이었잖아? 네 모친께서도 너희 남매가 돌아오기를 손꼽아 기다리고 계신다. 안타까운 일 아니냐? 자식들이 적국에 투항했다는 오명을 쓰고서 살아가는 네 어머니의 입장이."

"지금… 제 어머니를 볼모로 제게 협박하는 건가요?"

"나 참. 너는 대체 언제쯤이면 내 진심을 알아줄래? 내가 진짜로 네가 말하는 그런 무뢰배처럼 보여?"

"…"

"이 바보 녀석아. 나는 지금 네가 살 수 있는 유일한 길을 말해주고 있는 거야. 이제야 꺼내는 말이지만 내가 저번에 사마중달께 받았다는 명령들 있지? 그 세 가지 중에서 사실 하나는 거짓말이었다. 바로 세 번째. 중달께서는 나에게 너를 건드리지 말라고 하신 적 없어. 그 반대로 너를 곧장 죽이라고 명령하셨지."

연이은 그의 충격적인 얘기에 나는 할 말을 잃었다.

"에둘러서 말했다만, 애초부터 네가 여길 떠나서 촉까지 간다는 건

불가능한 일이야. 어느 성에서든, 아니면 어느 관에서든 결국 너는 붙잡혀 모진 고문을 받다 죽게 될 거다. 현실적으로 네가 살 방법은 오로지 하나. 위에 귀순하는 것뿐이야."

"… 왜 제게 이런 얘기를 다 말해주는 거죠? 사마의에게 그런 임무를 받았다면서 왜 거짓말을 해서까지 날 죽이지 않고?"

"아니, 이 여자야. 그러니까 내가 너를 대체 왜 죽이냐고!? 하아, 미치겠네…. 야. 내가 차마 이런 말은 낯부끄러워서 안 하려고 했는데, 세상천지 어디에 자기 마음에 품은 여인을 죽이려 드는 남자가 있냐!"

v.

머리에 떠도는 고민들로 밤잠을 내내 이루지 못하던 나는 한차례 또 다시 휘몰아친 그 증상을 겪고서야 마침내 결심을 굳혔다.

초를 켜고서 두 개의 편지를 썼다. 하나는 휘에게, 또 하나는 진태에게. 다 쓴 편지를 탁자 위에 놓고서 간단히 방 정리도 하였다. 정리를 마친 후엔 그동안 썼던 일기 꾸러미를 챙겨 밖으로 나왔다. 하늘을 보니 이제 막 해가 고개를 내밀려 하고 있었다.

"도망치는 거냐?"

깜짝 놀라 돌아보니 진태가 마당에 나와 있었다.

"왜 이 이른 시각에 깨어 있는 거죠?"

"하도 네가 부산히 움직이는 소리가 들려서 깼지. 뭐, 잠이 안 오기도 하고."

"본의 아니게 숙면을 방해해서 미안하네요."

"꼭 떠나야겠어? 네가 귀순할 마음만 있다면, 내가 널 지켜줄 수도 있는데."

"…"

"네가 사라지면 사부님께서도 상심이 크실 거다."

"…"

"후우. 하긴. 네가 붙잡는다고 해서 붙잡힐 사람이 아니긴 하지."

"미안합니다."

진태는 내 쪽으로 오더니 품 안에서 돈뭉치를 꺼내서 내게 내밀었다.

"가져가라."

"네?"

"작별 선물이야. 밖에 매 놓은 말도 데려가고."

나는 손으로 그가 내민 돈뭉치를 밀어냈다.

"아닙니다. 돈도 말도 필요 없어요. 마음은 고맙지만 사양하겠습니다."

"되지도 않는 소리 말고 받아. 객사라도 하고 싶은 거냐?"

"…"

"이 돈으로 우선 시장에 가서 새 옷부터 사. 변장이라도 하지 않으면 촉에 가기도 전에 넌 어느 성에서든 붙잡힐 테니."

"…"

계속 거절했다간 말이 길어질 것 같아, 나는 마지못해 그가 내민 돈을 건네받았다.

"무사해라. 꼭 무사하리라 믿는다. 넌 현명한 여자니까. 훗날 꼭 전장에서 다시 볼 수 있길 빈다."

"후훗. 하필이면 전장인가요?"

"물론이지. 그래야 너랑 못 한 결투도 해볼 거 아니냐?"

진태의 말에 난 미소가 지어졌다.

"참나, 떠날 때가 되어서야 내게 웃어주는구나. 역시 넌 웃는 얼굴이 더 예쁘다."

민망함에 얼굴이 화끈 달아올랐다.

"… 마음 같아서는 이대로 널 더 잡아두고 싶지만. 갈 거면 이제 얼른 가 봐. 사부님 깨어나시기 전에."

"네. 그럼 이만. 그동안 고마웠어요."

나는 살짝 고개 숙여 인사를 건넸다. 그대로 뒤돌아 몇 걸음 걸어가다가 문득 그에게 물을 말이 떠올라 뒤돌아섰다.

"저기…."

"어, 왜?"

"혹시 율리우스라는 사람을 아시나요?"

"… 안다."

"네!?"

"나거든."

뭐! 너무 놀란 나머지 나는 한 발짝 뒷걸음질을 쳤다.

"크크. 농담이다. 누가 됐든지 간에 한 번쯤은 네가 애타게 찾는 그런 사람 중의 하나이고 싶네. 사부님이든 그 율… 머시기든."

"아니, 정말로…."

"몰라. 그런 사람. 거, 이름 한번 이상한 사람일세."

그는 피식 웃음 지어 보이더니 뒤돌아서 자신의 방으로 들어가 버렸다. 한동안 나는 그 자리에서 움직이지 못한 채 그대로 서 있었다.

Ⅵ.

진태와 왔었던 호수를 다시 찾았다. 챙겨 나온 일기장 꾸러미를 풀밭에 내려놓고 그 옆에 앉아서 차분히 이번 삶을 되돌아본다.

강설인 나는 홀어머니와 강유 오라버니 아래서 유년 시절을 보냈다. 희한하게도 나는 살아온 삶마다 부모 복이 참으로 없는 편이었다. 이번 삶에서도 내 어머니는 나나 오라버니에게 그다지 이상적인 분은 아니었고, 그 때문에 나는 어려서부터 오라버니의 손에 키워졌다고 봐도 과언이 아니다.

촉나라 군이 우리가 사는 천수로 쳐들어왔던 날, 오라버니는 천수태수 마준에게 반역자라는 억울한 누명을 쓴 채 버려졌고, 오라버니는 자신과 내 목숨을 지키기 위해 곤히 자고 있던 날 둘러업고서 제갈 승상께로 나아갔다. 승상께서는 그런 오라버니와 나를 거두어 아버지와 같은 존재가 되어 주셨다.

이후 약 6년 동안 정신없는 나날을 보냈다. 매일같이 무술과 병법을 배웠고 여러 차례 북벌도 따라나서 지원 업무를 보았다. 그리고 5차 북벌인 이번 시기에, 내 삶은 덧씌워졌고, 현재까지 흘러오게 되었다.

비록 짧은 시간이었지만 휘와는 꽤 친해졌던 것 같다. 더 이상 다른 이와 정을 붙여선 안 되는데 그만 실수를 하고 말았다. 그리울 이가 더 생긴다는 건 그저 내게는 슬픔이 될 뿐이니까. 정작 내가 그리워하는 이들은 세상을 떠난 날 금방 잊어버릴 테니까.

강유 오라버니는… 내가 사라져 버리면 많이 슬퍼하시겠지. 어쩌면 꽤 오랫동안 나를 기억할지도 모른다. 위나라가 나를 죽였다고 오해해 증오심으로 그릇된 행동을 하지는 않을까 걱정되기도 한다. 부디 무모한 일은 벌이지 않았으면 좋으련만. 하지만 그 누구보다도 강한 마음을 지닌 사람이니만큼, 나 없이도 의연하게 잘 살아갈 거라고 믿는다.

마지막에 잠깐 혼동이 되기는 했지만, 진태는 아마도 율리우스 님이 아니었을 거다. 물론 '그'도 아니었을 테고. 만약 그가 율리우스 님이었다면 내가 그 긴 시간 먼 길을 함께하며 눈치채지 못했을 리가 없을 테니 말이다.

결국 나는 이번 생에선 율리우스 님도, '그'도 만나지 못한 것이다.

문득 궁금해진다. 율리우스 님께선 내가 사라지면 나와 관련된 모든 것도 함께 사라진다고 했는데, 그 사라지는 모습은 과연 어떨까? 서서히 그 모습이 희미해지는 걸까? 아니면 어느 한순간에 갑자기 사라져버리는 걸까? 그 광경을 내 눈으로 직접 확인할 수 없다는 것이 새삼 아쉬

워서 우습다.

만약 이번에도 죽지 않고 다음 삶으로 넘어가게 된다면, 그곳의 난 어떤 사람일까? 그곳에서는 율리우스 님을 만날 수 있을까? 내가 세운 가설대로라면 다음 삶에서는 어떤 모습으로든지 간에 다시 만나게 될 텐데. 하지만 다시 만난다고 했을 때, 그는 과연 나를 기억할까?

챙겨 온 일기장을 펼쳤다. 설령 그가 나를 기억하지 못한다 해도 상관없다. 내가 그를 기억하면 되니까. 엘마이온이었던 그도, 율리우스였던 그도, 그리고 어쩌면 '그'였을지도 모를 그도. 말투와 자잘한 행동 습관, 그리고 풍기는 분위기와 인상이 모두 한 사람인 것처럼 비슷하여 다시 만난다면 이제는 확실히 그를 알아볼 수 있다.

최대한 많은 기억을 가져가기 위해 한 장 한 장 꼼꼼하게 일기를 정독하였다. 그러다 문득 내가 이토록 다음 생을 열심히 준비하고 있다는 사실에 놀랐다.

일기를 거의 다 읽어갈 무렵, 마침내 다시 그 증상이 찾아왔다. 일기장을 살며시 덮고 이를 꽉 물고서 마음속으로 차분히 초를 세었다.

1, 2, 3, 4, …,

…, 256, 257, 258, 259, …,

…, 597, 598, 599, 600.

역사 속 에피소드 3

유휘는 어떤 사람인가?

유휘(220년~280년 추정)는 고대 중국의 수학자로, 활동 시기는 삼국 시대이며 위나라 사람이라 전해진다.

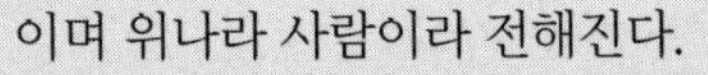

그의 탄생 추정 연도인 220년은 한이 멸망함과 동시에 위나라가 세워진 해이며, 이듬해에는 촉나라가, 그 이듬해에는 오나라가 세워졌다. 그리고 그의 사망 추정 연도인 280년은 위촉오가 모두 멸망하고 사마염이 삼국을 통일한 해이다.

서양의 아르키메데스나 유클리드와 비견되는 그가 살아생전 조명을 받지 못하고, 그에 관해 전해 내려오는 기록이 전무한 이유는 이런 시대적인 배경 탓이 크다. 예로부터 수학은 중국의 주요 학문 분야 중 하나였음에도 불구하고, 이 시기만큼은 당장의 삶조차 불분명했던 대전란의 시대였기 때문이다. 때문에 유휘에 대한 정보는 오로지 그의 저서들에서만 얻을 수 있다.

유휘의 대표 저서인 구장산술 주註는 흔히 동양 수학사에서 서양의 유클리드 원론에 준하는 수학 서적이라 평가받는다. 다만 이 책이 정식 출간된 263년은 위나라의 촉한멸망전이 벌어졌던 시기였기에 당시에는 큰 주목을 받지 못했다.

그의 구장산술 머리말에는 다음과 같은 문구가 적혀있다. “나는 아주 어린 시절에 구장산술을 접했으며, 이내 이를 모두 공부하였다.”

진태는 어떤 사람인가?

진태는 후한 시대 청류파의 명문가인 영천 진씨의 일원으로 대학자인 진식의 증손이며, 위의 훈신 진군의 아들이다. 아버지와 함께 청렴결백으로 칭송을 받았으며, 조방의 즉위 후에는 형주자사, 진위장군 등을 역임했다. 흉노중랑장이 되어서는 관대하고 합리적이며 균형감 있는 통치로 수완을 발휘해 흉노인들로부터도 존경을 받았다고 한다.

그는 여러 창작물에서 등애와 더불어 촉나라의 강유와 숙명의 라이벌 관계로 묘사되곤 하는데, 약 8차례에 걸친 강유의 북벌을 저지한 위나라의 주요 공신이기도 하다.

유휘의 구장산술 주註는?

구장산술은 작가 미상으로 기원전 200년경에 쓰인 것으로 추정되지만, 어떤 부분은 일찍이 선진 시대에도 있었다. 이후 진·한 시대에 여러 차례 수정과 보완을 거쳐 정리되었고, 삼국 시대에 들어와 유휘가

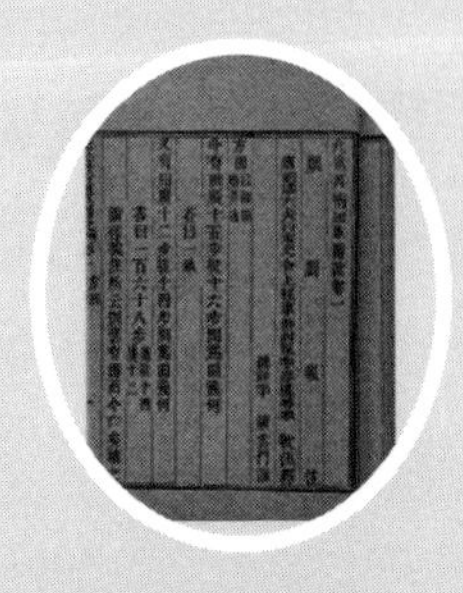

주석을 붙여 오늘날의 모습을 갖추게 되었다.

구장산술을 동시대의 그리스 수학과 비교한다면, 기하학과 수론에서는 그리스 수학에 미치지 못하지만, 산술과 대수 분야는 그리스의 수학을 넘어선다는 평가가 지배적이다. 구장산술에 실린 약 250여 개의 문제들은 당시의 농·상·공업, 행정, 토목 건축, 교통·수송 등 실제 사회생활 전체에서 발생하였던 현실 문제들과 그것을 푸는 계산법을 총망라하고 있다. 다음은 구장산술 각 장의 구성이다.

장 이름		내용	문제 수
제1장	방전(方田)	논밭의 측량	38
제2장	속미(粟米)	곡물 교환의 비율 계산	46
제3장	쇠분(衰分)	비례 배분 법	20
제4장	소광(少廣)	면적과 부피 및 길이의 관계	24
제5장	상공(商功)	토목공사의 공정	28
제6장	균수(均輸)	세금과 운송에 관한 계산	28
제7장	영부족(盈不足)	과부족 문제	20
제8장	방정(方程)	연립방정식	18
제9장	구고(句股)	구고현의 정리 및 응용	24

제갈량의 북벌과 죽음

촉한의 제갈량은 227년부터 234년까지 후한을 무너뜨린 위나라를 정벌해야 한다는 유비의 사명을 계승한다는 명분 아래 다섯 차례에 걸친 북벌을 시행하였다.

제5차 북벌 시기에 제갈량은 오장원을 점거하고 무공수 동쪽에 맹염의 군세를 주둔시켰다. 사마의는 일만 기병을 이끌고 남하했으나 패배했고, 제갈량은 사마의가 주춤하는 사이 성동격서의 전략으로 북원 공략을 시도하지만 이를 간파한 곽회가 막아낸다. 이후 제갈량은 우회하여 양수 공략을 시도하지만, 이 움직임 역시 곽회에 의해 간파되어 막히고 만다.

결국 장기전에 돌입하였고, 백여 일의 대치 끝에 234년 8월, 과로와 병세의 악화로 인해 제갈량은 사망한다. 갑작스러운 제갈량의 사망에 촉나라 군은 철수했고, 사마의는 촉나라 군을 추격하지만 후군 퇴각을 맡은 강유가 되려 진군을 하는 척 사마의를 속여 물러나게 한다. 철퇴 직후 촉나라 군에서는 위연이 제갈량의 후계를 둘러싸고서 양의와 다투어 자신의 직속 부대를 이끌고서 반란을 일으키지만 패사하였고, 양의도 장완과 비위 등에게 실권을 빼앗겨 실각한다.

제갈량의 북벌을 저지한 위나라의 대장군 사마의는 238년에 요동을 토벌하였고, 점차 황실인 조 씨의 권위를 능가하게 된다.

에피소드 3에 나오는 수학

① 무한대와 무한소

오늘날 무한대와 무한소의 정의는 수학의 각 영역마다 조금씩 다르다. 고대 중국의 명가에서 혜시(기원전 370년~기원전 310년)와 공손룡(기원전 320년~기원전 250년)은 무한대와 무한소를 기하학적으로 정의하였는데, 그 내용은 다음과 같다.

"무한대는 바깥이 존재하지 않는 공간이며(즉, 경계가 없는 공간) 무한소는 그 내부가 존재하지 않는 공간이다(즉, 공간상의 한 점)."

② 충분조건과 필요조건

필요조건은 어떤 진술이 참이 되기 위해서 반드시 충족되어야 하는 조건이며, 충분조건은 그것이 만족되었을 때 참을 보장하는 조건이다. 즉, 'P이면 Q이다'에서 P를 Q의 충분조건, Q를 P의 필요조건이라 한다.

예를 들어, 참인 명제 'x가 짝수이면 그 x는 자연수다'에서 'x가 짝수이다'는 'x는 자연수다'의 충분조건이다. 반대로 'x는 자연수다'는 'x가 짝수이다'의 필요조건이다.

묵자(기원전 468년~기원전 376년)는 묵경에서 이에 대해 다음과 같이 설명하였다.

"필요조건은 그것으로 인하여 어떤 것이 반드시 그렇게 되는 것은 아니지만, 그것이 없으면 절대로 그렇게 될 수 없는 것이다. 예를 들면, 선 위의 한 점과 같은 것이다. 충분조건은 그것에 의해서 어떤 것이 반드시 그렇게 되는 것이다. 보는 행위와 그 결과 시각이 얻어지는 경우가 그 예이다."

③ 구고현의 정리

구(勾)는 직각 삼각형에서 직각을 낀 두 변 가운데 짧은 변을, 고(股)는 긴 변을, 현(弦)은 빗변을 가리키는 말이다.

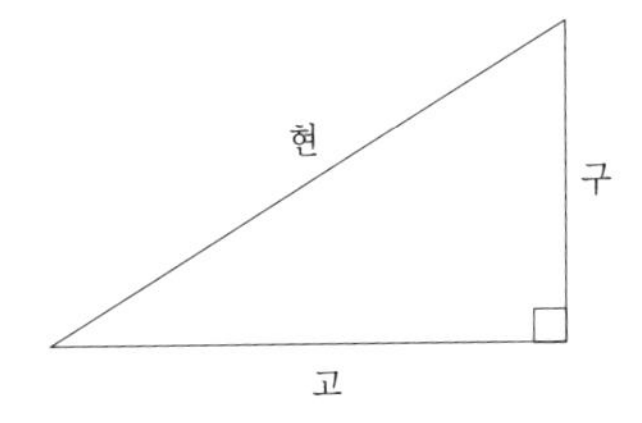

본래 주비산경에 수록되었던 내용이지만 구장산술에서는 '구고술'이라는 이름으로 다음과 같이 제시되어 있다.

"구와 고를 각각 제곱하여 합한 후 그것의 제곱근을 구하면 현이 된다. 현의 제곱에서 고의 제곱을 뺀 나머지의 제곱근을 구하면 구가 되고, 현의 제곱에서 구의 제곱을 뺀 나머지의 제곱근을 구하면 고가 된다."

즉, 이를 식으로 표현하면 다음과 같다.

$$\sqrt{구^2+고^2}=현,\quad \sqrt{현^2-고^2}=구,\quad \sqrt{현^2-구^2}=고$$

이는 현재 우리가 알고 있는 피타고라스의 정리 형태인 $구^2+고^2=현^2$과는 다소 차이가 있는데, 구장산술에서 제시된 구고술은 이 정리의 계산적, 실용적인 측면을 더 강조한 것이라고 볼 수 있다.

④ 호승상소법

직역하면 '상호 간에 곱하여 제거하는 방법'으로, 연립일차방정식을 푸는 알고리즘이다. 본래 존재했던 방정술을 유휘가 발전시킨 방법이며, 다음은 그 내용이다.

1. 연립방정식의 계수들을 방정(方程)으로 구성한다. 예를 들어 연립일차방정식 $\begin{cases}[1]: & 2x+3y=8\\ [2]: & 5x+4y=13\end{cases}$ 을 방정으로 구성하면 다음과 같다.

$$\begin{matrix}[2] & [1]\end{matrix}\\ \begin{pmatrix}5 & 2\\ 4 & 3\\ 13 & 8\end{pmatrix}$$

즉, 본래 '방정'의 의미는 현대 수학에서의 방정식과는 다른 개념으로, 연립방정식의 행렬표현과 유사한 것임을 알 수 있다.

2. 각 열에서 다른 열의 수를 곱하고 빼서, 0을 만드는 열 계산을 통해 삼각행렬을 얻는다.

$$\begin{pmatrix} 5 & 2 \\ 4 & 3 \\ 13 & 8 \end{pmatrix} \xrightarrow{[2]\times 2-[1]\times 5} \begin{pmatrix} 5\times 2-2\times 5 & 2 \\ 4\times 2-3\times 5 & 3 \\ 13\times 2-8\times 5 & 8 \end{pmatrix} = \begin{pmatrix} 0 & 2 \\ -7 & 3 \\ -14 & 8 \end{pmatrix}$$

$$\xrightarrow{[2]\div(-7)} \begin{pmatrix} 0 & 2 \\ 1 & 3 \\ 2 & 8 \end{pmatrix} \xrightarrow{[1]\div 2} \begin{pmatrix} 0 & 1 \\ 1 & \frac{3}{2} \\ 2 & 4 \end{pmatrix}$$

이를 다시 연립방정식으로 구성하면 $\begin{cases} x+\frac{3}{2}y=4 \\ y=2 \end{cases}$ 이므로, 답은 $x=1,\ y=2$ 이다.

3. 유휘는 **2**에서 별도로 각 열에 두 개의 원소만을 남기는 과정을 첨가하였다. 즉,

$$\begin{pmatrix} 0 & 1 \\ 1 & \frac{3}{2} \\ 2 & 4 \end{pmatrix} \xrightarrow{[1]-[2]\times\frac{3}{2}} \begin{pmatrix} 0 & 1 \\ 1 & 0 \\ 2 & 1 \end{pmatrix} \quad \therefore\ x=1\ ,\ y=2$$

현대적인 관점에서 보았을 때, **2**까지의 과정은 가우스소거법, **3**까지의 과정은 가우스조던소거법과 그 원리가 같다.

⑤ 카발리에리의 원리

이탈리아의 수학자 카발리에리(1598년~1647년)가 발표하여 그의 이름이 붙은 원리로. 두 평면도형이 주어졌을 때, 평행한 직선에 의하며 생기는 두 선분의 길이의 비가 항상 m:n으로 일정하면 두 도형의 넓이의 비는 m:n이라는 내용이다.

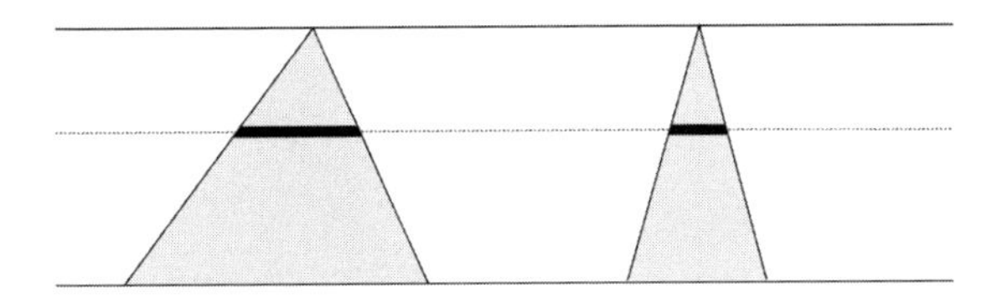

이는 공간도형의 부피에 대해서도 그대로 적용된다. 즉, 두 공간도형을 서로 평행한 평면으로 자른 단면의 넓이의 비가 항상 m:n으로 일정하면 두 도형의 부피의 비는 m:n이다.

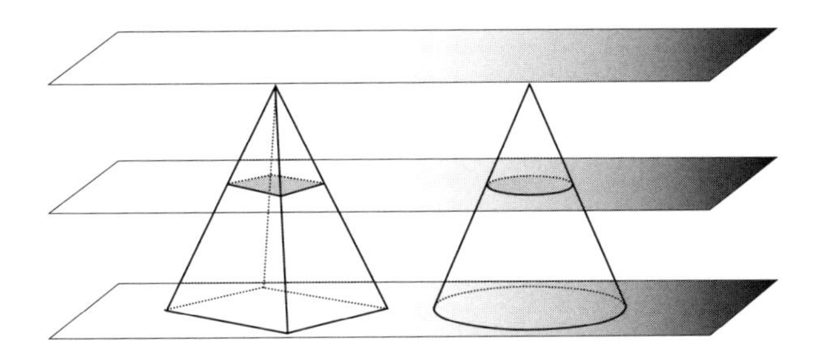

유휘는 이 원리를 이용하여 곡면으로 이루어진 입체도형의 부피를 구할 때, 그에 외접하는 다면체의 부피와 비교함으로써 간단히 구하는 방법을 구장산술에 서술하였다.

⑥ 원주율

원주율(圓周率)은 원둘레와 지름의 비. 즉, 원의 지름에 대한 둘레의 비율을 나타내는 수학 상수이다. 아르키메데스의 계산이 널리 알려져 아르키메데스 상수라고 부르기도 하며, 3.1415926535…로 순환하지 않는 무한소수(무리수)이기 때문에 주로 근삿값으로 3.14를 사용하거나 기호 π(파이)로 표현한다.
원주율 기호 π는 1706년 영국의 수학자 윌리엄 존스가 최초로 사용했다. 이것은 둘레를 뜻하는 고대 그리스어 '페리페레스(περιφηρής)' 또는 '페리메트론(περίμετρον)'의 첫 글자를 딴 것이라 전해진다.

에피소드 4

히파티아 시대

Hypatia

새로운
인연

I.

톡 톡 톡.

누군가 계속 내 등을 두드린다. 나는 깜짝 놀라 잠에서 깨어났다. 여기는?

“일어났어? 휴. 다행이네. 난 분명히 너 깨웠다?”

맞아. 갑자기 쏟아지는 잠 때문에 친구에게 수업 끝나면 깨워 달라고 하고선 잠들었지.

내 이름은… 사라. 이렇게 또 하나의 삶에 씌워지는구나. 죽지 않아서 참 다행이야.

주위를 둘러보았다. 조금 전까지 내 앞에 펼쳐져 있던 넓은 호수도, 내가 앉아 있던 풀밭도, 내 옆에 두었던 일기장 꾸러미도 없다. 대신에 학생들이 모두 빠져나간 텅 빈 강의실과 필기구를 넣은 내 가방이 그 자리를 대신하고 있다.

“난 그럼 이제 가 봐도 되지? 얼른 다음 수업에 들어가야 하거든. 내일 또 봐!"

나는 돌아서려는 친구의 팔을 본능적으로 붙잡았다.

"왜 그래? 나 빨리 수업 들어가야 해."

"너."

"응?"

나는 그녀의 팔을 더욱더 세게 움켜쥐며 물었다.

"넌 누구야?"

그녀는 내 물음에 살짝 당황하는 듯싶더니, 이내 웃음을 터뜨렸다.

"푸하핫! 누구냐니? 얘가 아직 잠이 덜 깼나 왜 이래? 나 너의 오랜 친구잖아."

나는 그녀의 눈을 응시했다. 분명히….

"그래. 정말로 친근하고 익숙한 느낌이긴 해."

"뭐야, 너 정말. 크크. 자면서 무슨 이상한 꿈이라도 꿨냐? 어휴. 야, 이제 이 팔 좀 놔줘. 아프다, 야."

그녀는 내 손을 뿌리치기 위해 잡고 있는 팔을 흔들어댔다.

"아니야. 이번엔 놓치지 않아."

"응?"

"너 말대로 네가 내 막역한 친구처럼 느껴지기는 해. 사실 그것부터가 참 희한한 일이지. 슬프게도 내 많은 삶에서 그런 막역한 친구란 단 한 번도 없었거든. 게다가 아무리 생각해 봐도 난 너의 이름조차 모르고 말이야."

팔 흔들기가 멈췄다.

"… 예전에도 너 같은 사람을 만났던 적이 있어. 사라인 지금이 아닌, 설이였던 시절에."

이제 그녀의 얼굴에는 당황한 기색이 완연히 드러나고 있었다..

Ⅱ.

"대답해. 설이였던 나에게 다가왔던 사람도 너야?"

"하하하. 이거 참 난감하네. 결국은 이렇게 돼버리나? 크크."

나는 자리에서 벌떡 일어나 그녀를 압박하듯 캐물었다.

"피하지 말고 대답해. 너는 왜 이름이 없는 거지? 그리고 어째서 나에게 친구 행세를 하는 거고?"

"아, 알았어. 대답할 테니까 일단 이 팔부터 좀 놔봐. 지난 생에서 무술을 익힌 것도 같이 넘어온 건가, 뭐 이렇게 힘이 세?"

깜짝 놀랐다.

"너, 어떻게 그걸…?!"

"아이고, 알았어. 알았어! 대답해줄 테니까 제발 좀 놔줘. 진짜로 아파서 그래. 난 지금 너보다도 연약한 몸이라고!"

마지못해 나는 살짝 손에 준 힘을 풀었다. 조금이라도 도망갈 기색이 보이면 곧장 다시 붙잡을 마음의 준비를 하고. 그녀는 정말로 아팠던 모양인지, 잔뜩 괴로운 표정으로 내가 잡았던 팔을 주물러댔다.

"어유, 이것도 그 일기의 영향인 건가? 시적인 영역뿐 아니라 육체적인 영역에까지 작용하는 거였나 보네. 그건 또 미처 몰랐어. 크크."

이젠 일기까지! 얘는 도대체 나에 대해서 어디까지 알고 있는 거지?

"흠흠. 그래서 이 나에게 궁금한 게 뭐야? 대답하기로 약속한 이상 몇 가지 정도는 말해줄게. 처음 물어본, 내가 그때 막사에서 도망갔던 그 여자애였는지를 말해주면 되는 거야?"

침을 꿀꺽 삼켰다. 넘겨짚듯이 물은 거였는데, 정말로 설이였던 내게 나타난 그 아이와도 연관이 있다는 말인 건가? 뭐라 형언할 수 없는 혼란에 이제는 묘한 공포감마저 들었다.

나는 간신히 떨림을 진정시키고서 침착하게 질문했다.

"넌… 정체가 뭐야?"

"뭐? 푸하하! 이야, 이 와중에도 질문을 갈무리한 거야? 정말로 대단해! 역시 너다워."

"뭐?"

"내 정체라? 이거 참 곤란하네. 대답을 해주긴 해야 할 텐데 어떻게 말해줘야 몰입이 깨지지 않으려나?"

몰입이 깨진다니. 저건 또 무슨 말이지?

"흠. 그래, 일단 이 정도로만 알려줄게. 나는 너와는 좀 다른 존재야."

"뭐?"

"말 그대로야. 단적으로 너에게는 이름이 있지만, 나에게는 이제 너도 알다시피 이름이 없어."

"이름이 없다니? 그게 무슨 의미지?"

"의미? 아, 맞다! 너희는 늘 모든 것에 의미를 부여하지?"

뭐가 그리도 우스운지 배를 잡고서 깔깔 웃어댄다.

"크크, 글쎄다? 나에게 이름이 없는 의미라? 당장 떠오르는 대답은 '굳이 필요가 없으니까'이려나?"

"필요가 없다고? 그럼, 사람들은 너를 뭐라고 불러? 네가 진짜로 내 친구였다면 나는 그동안 널 뭐라고 불렀고?"

"어휴. 역시나 질문이 꼬리에 꼬리를 무는구나? 하여튼 호기심이란."

그녀는 팔짱을 끼고서 잠시 고민에 잠겼다. 나는 가만히 그녀의 대답을 기다렸다.

"사라야. 아무리 봐도 너의 지금 질문은 본질과 좀 많이 벗어난 거 같다. 내 정체를 물은 첫 질문은 참 좋았는데, 너무 이름에 집착한 건 아닌가 싶네."

"본질과 벗어났다니? 그건 또 무슨 말…"

"자! 이제 대화는 여기까지. 어쨌든 난 네 질문에 대답한 거다?"

그녀는 한쪽 입꼬리를 씩 올리며 웃더니 그대로 뒤돌아 가려고 했다. 나는 재빠르게 다시 그녀의 팔을 잡았다.

"에이, 이러지 말지."

그 순간. 내 두 귀에 섬찟한 기운이 스쳐 갔다. '그 증상'이다! 아니 왜? 삶이 덧씌워진 지 아직 채 몇 분도 지나지 않았는데?

머리로부터 퍼지는 아찔한 고통에 나는 그만 그녀의 팔을 놓쳐 버렸다. 눈앞은 깜깜해졌고, 그런 내 앞에서 그녀가 다시 걸음을 옮기려는 소리가 들렸다. 나는 필사적으로 외쳤다.

"거기 서! 너! 혹시 '그'와도 연관이 있는 거야?"

"뭐?"

"'그'도 너랑 똑같아! 아무리 떠올려보려 해도, 다른 건 다 기억나도 도저히 이름만은 기억이 나지 않아! 마치 애초부터 이름이 없었던 것처럼. 꼭 너와 같이!"

그녀의 발소리가 다시 내 쪽으로 한 발짝 다가왔다.

"나 참. 바로 그런 게 집착으로 인한 오판이란 거야. 사라야. 그 애도 너처럼 뭐, 조금은 특별한 존재인 것은 맞지만, 나는 애초에 너희들이랑 본질적으로 달라. 그리고 그 애의 이름이 처음부터 없었던 것도 아니고 말이지."

"뭐?"

'그'의 이름이 처음부터 없었던 게 아니라고? 그렇다면 어째서 내가 기억하지 못하는 거지? 분명히 이집트 시대로 처음 삶이 덧씌워졌을 때부터 '그'를 기억하기 위해서 온갖 노력을 다했는데?

어느새 내 두 귀도 서서히 안 들려오기 시작했다. 이미 10초는 넘겼을 터다. 덧씌워진 삶에서 처음 나타난 증상이 이렇게까지 심하고 오래 간 적은 없었는데, 마치 다른 삶으로 넘어가는 마지막 순간의 고통만큼이나 견디기 힘들다. 나는 필사적으로 정신을 잃지 않기 위해 애썼다.

"쯧쯧. 많이 고통스러운 모양이구나. 아! 그래. 기왕 그 애에 관한 얘기가 나왔으니 해주는 말인데."

두 눈은 보이지 않았지만, 그녀에게서 한 마디라도 더 이야기를 끌어내기 위해 나는 일부러 목소리가 들리는 방향으로 고개를 들고 응시하는 시늉을 했다.

"그 아이가 자신의 이름을 잃은 것도 그렇고. 너처럼 매번 이런 고통스러운 증상을 겪어야 하는 것도 그렇고. 사실은 모두 사라, 너 때문이야."

뭐라고?!

"만약에 사라, 네가 그 아이의 삶을 원래대로 되돌려주고 싶다면, 네가 정말로 그 애를 좋아한다면, 그 애를 위해서라도 다음 번에 그 애를 볼 땐 부디 아는 척하지 마."

'그'의 이름이 사라진 이유가 나 때문이라니? 그리고 그도 나처럼 매번 이 증상을 겪는다고? 그렇다는 건 역시 내 예상대로 엘마이온 님이, 율리우스 님이 '그'란 말인가?! 그런데 그다음부터는 뭐라고 한 거지? 이제 아무것도 들리지 않아….

갑자기 한쪽 귀가 번뜩이며 그녀의 목소리가 선명하게 들려왔다.

"자, 이제 잘 들리지? 못 들은 거 같으니 다시 말해줄게. 네가 만약 그 아이를 진심으로 위한다면, 그 아이가 자신의 이름을 되찾고서 원래의 평온한 삶을 살길 바란다면, 이제부터는 그 아이를 본다 해도 절대로 아는 척하지 마. 그리고 너도 제발 그 아이를 잊고서 너의 삶에 집중해. 제발 좀!"

나는 귀에 들어온 그녀의 얘기를 미처 다 갈무리하지 못한 채, 결국 간신히 붙들고 있던 마지막 정신의 끈마저 놓치고 말았다.

Ⅲ.

"야. 그거 알아? 서연이 고아원 출신이라는 거?"

"에? 정말?"

화장실에서 빤 대걸레를 들고 복도를 지나 교실로 막 들어가려는 때였다. 교실 안에서 비밀스럽게, 하지만 또박또박한 어조로 나누는 내 뒷담화가 들려온다.

"걔네 부모님 엄청 부자라고 하지 않았어? 고아라니 뭔 소리임?"

"아, 그러니까 그 아저씨 아줌마가 서연이의 진짜 부모가 아니고, 그냥 고아원에서 데려온 거였더라니까!"

저 목소리의 주인공은… 내 친구다. 아니. 정확히는 이번 학기 초부터 나에게 친구가 되고 싶다면서 접근하던 애다. 나도 이제 막 마음을 열 뻔했던 참이었지.

"헐, 충격이다. 어쩐지 걔 좀 어딘가 이상했어. 뭔가 우리랑은 좀 다른 세계에서 살던 애 같은 느낌?"

"알고 보면 걔 공부만 잘했지. 고아원 출신이라서 그런가 겁나 어수룩해. 니들도 한번 친한 척하고서 붙어 다녀봐. 먹을 거도 잘 사 주고 돈도 되게 잘 쓴다. 흐흐."

"야. 너나 붙어 다녀. 난 걔 원래부터 싫어했음."

교실 문을 열지도, 그렇다고 그 자리에서 도망치지도 못한 채, 계속 안에서 들려오는 내 뒷담화를 들으며 복도에 우두커니 서 있는 내가 보인다.

그래. 그때 너무 슬펐지. 다른 무엇보다도 또다시 혼자가 되었다는 사실에. 그리고 내 마음을 기댈 다른 누군가를 떠올리려 해봐도 도저히 떠오르는 이가 없다는 사실에.

그만 깨어나자.

눈을 떴다. 살짝 붉은 기운이 감도는 햇살로 인해 교실 가득 몽환적인 분위기가 채워지고 있었다.

몸을 반쯤 일으키고서 가방을 집어 들었다. 필기구를 꺼내서 두루마리의 빈 면에 이름을 적어나갔다. 사라, 설, 소니아, … , 그리고 서연. 이 다음으로 적어야 하는 이름은….

내 손은 글씨를 더 쓰지 못한 채 멈추었다.

'그'가 나처럼 괴로운 삶을 사는 이유는 나 때문이라고? '그'가 자신의 삶을 되찾길 바란다면 이제 그만 '그'를 잊으라고?

하지만 '그'마저도 잊어버린다면 나는….

한동안 나는 그렇게 아무 글씨도 적지 못한 채 햇빛에 붉게 물든 두루마리 여백을 하염없이 바라만 보았다. 두루마리가 흠뻑 젖을 때까지.

Ⅳ.

내가 소니아였던 시절, 멀찍이서 바라보기만 했을 뿐 신분의 제약으로 인해 들어올 수는 없었던 곳. '그'가 나를 위해 단 한 주도 빠짐없이 원론을 빌려다 주었던 곳. 이미 그때로부터 몇백 년의 세월이 흐른 지금이지만, 어쩌면 아직도 그의 흔적이 남아 있을지도 모르는 곳.

나는 지금 알렉산드리아 도서관에 와 있다. 내가 있는 서실에는 앞선 여러 수학자의 석상이 곳곳에 세워져 있는데, 당시에 내가 주인으로 모셨던 아르키메데스 님의 석상도, 율리우스였던 '그'와의 대화에서 수십 번은 등장했던 유클리드의 석상도 있다. 아르키메데스 님은 소년 시절의 모습만 보았는데, 이처럼 나이 지긋한 모습으로 다시 마주하게 되니 새삼 기분이 묘하다. 어딘가 조금 미화된 듯한 느낌에 살짝 웃음도 난다.

원래라면 삶이 덧씌워진 후 며칠 동안은 오로지 일기 쓰는 데만 전념했을 테지만, 결국 난 기록하기를 포기했다. 대신에 지금 내 앞에는 서가에서 가져온 수학책 몇 권이 펼쳐져 있다.

나를 깨웠던 그녀가 누구인지는 모른다. 어쩌면 정말로… 신 같은 존재였을 수도 있다. 나나 '그'같이 독특한 사람도 있는데, 그녀가 신이라고 해서 새삼 놀랍지도 않거니와, 애초에 그런 존재가 아니고서는 그녀가 내게 했던 그 모든 말과 행동도 이해되지 않는다.

하지만 그녀가 정말로 그런 초월적인 존재라면, 일개 사람일 뿐인 내가 과연 그녀의 말을 거스르고서 달리 무엇을 할 수 있을까? 거스른다 한들 바뀌는 게 있기는 할까?

이런저런 답 없는 고뇌를 떨쳐내기 위해서라도, 나는 그녀가 내게 말했던 대로 일단은 사라로서의 내 삶에 집중하려 한다. 그런 의미로 지금 내 앞에 가져다 놓은 책들은 현 알렉산드리아 대학 최고의 수학 권위자

이자, 내가 듣고 있는 기하학 수업의 담당 교수님이기도 한 히파티아 선생님이 쓰신 프톨레마이오스[1]의 '수학대계大系'[2] 주해본이다.

히파티아 선생님은 사라인 나를 유독 잘 챙겨주시는 분이기도 하다. 그리고 나 역시 그런 선생님을 이 시대에서 가장 존경하고 따른다.

선생님은 성적과 수업 태도가 우수하다는 명목으로 상위계층도 아닌 나를 학생대표로 임명하셨고(다른 반 대표들은 모두 제국의 지도자 계층 자녀거나 종교계의 고위직 자녀다), 형편이 어려운 내 학비를 전액 면제해 주기도 하셨다. 워낙에 바쁜 분이시기에 따로 찾아뵌 적은 없지만, 수업 전후로 질문거리를 가져갈 때면 언제나 친절히 가르침을 주시곤 한다.

지난 기하학 수업에서 히파티아 선생님은 '점성술과 수학의 관계'라는 주제로 글을 써 오는 과제를 내주셨다. 점성술은 별의 빛이나 위치 및 운행 따위를 보고 길흉을 점치는 점술로, 옛날에는 국가의 흥망을 점치는 데에나 쓰였다지만 요즘에는 개개인의 운세도 점치는 일종의 문화로서 널리 퍼져 있다. 그 때문에 학교 앞 광장에서도 점성가들을 쉽게 만날 수 있는데, 광장의 점성가 몇몇에게 이번 과제에 참고할 만한 책을 물어보니 이구동성으로 히파티아 선생님의 수학대계를 추천

---

1 클라우디오스 프톨레마이오스(83년경~168년경)는 고대 그리스의 수학자이자 천문학자, 지리학자, 점성학자이다.

2 총 13권으로 구성된 수학 및 천문학 서적으로, 고대 그리스의 수학자 히파르코스와 다른 고대 천문학자들의 기록을 프톨레마이오스가 집대성한 책이다. 초창기 그리스어 명칭은 '마테마티케 신탁시스(Μαθηματικὴ Σύνταξις, 번역하면 '수학대계' 또는 '수학의 집대성')'였고 후세의 주석가들이 이 책의 위대함을 칭송하며 magiste(가장 위대한)을 부여해 현재는 '알마게스트(Almagest)'라는 이름으로 널리 알려져 있다.

하였다. 이 책이야말로 제대로 된 점성술을 익히기 위한 필독서라며 말이다.

조금 의아한 기분이긴 하다. 위대한 수학자인 히파티아 선생님이 쓰신 점성술 책이라니? 게다가 제목은 '수학대계'이고. 어딘가 어울리지 않는 느낌이라 석연치는 않지만, 일단은 가져온 제1권을 펼쳐서 목차를 훑어보았다.

서문 / 정리의 순서 / 하늘은 구처럼 움직인다 / 지구는 지각이 있는 구면이다 / 지구는 하늘의 한가운데에 있다 / 지구는 움직이지 않는다 / 하늘의 두 가지 주요 움직임 / 각각의 개념에 대해 / …

점성술이라 해서 그저 허무맹랑한 이야기들로 가득한 책이리라 생각했는데, 예상과는 다른 느낌의 목차에 조금 당황했다. 이것은 누가 봐도 '점술' 서적이라기보다는 천동설에 입각한 '과학' 서적이지 않은가?

다음으로 이어지는 목차들은 더욱 내 시선을 잡아끌었다.

현[3]의 길이 / 현표 / 두 지점 사이의 원호 / 구면삼각법의 시작 / …

이 내용들은 그야말로 수학이다. 나는 솟구치는 호기심에 곧장 해당

3 원의 둘레 상의 두 점을 연결한 선분.

부분을 펼쳐 보았다. '현의 길이' 단원의 시작은 정십각형과 정오각형을 이용하여 중심각 36°, 72°에 대한 현의 길이를 구하는 내용이었다.

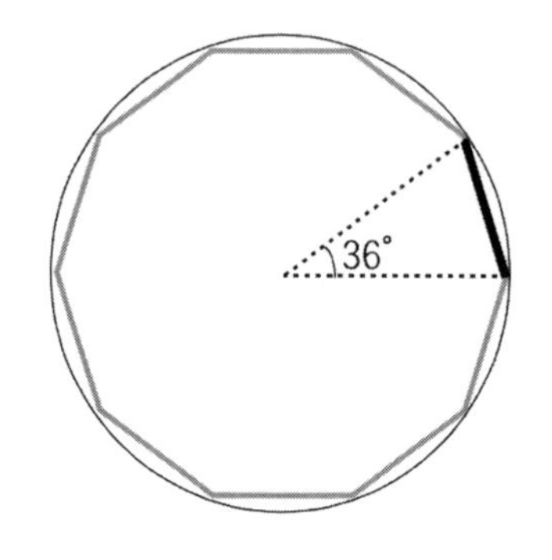

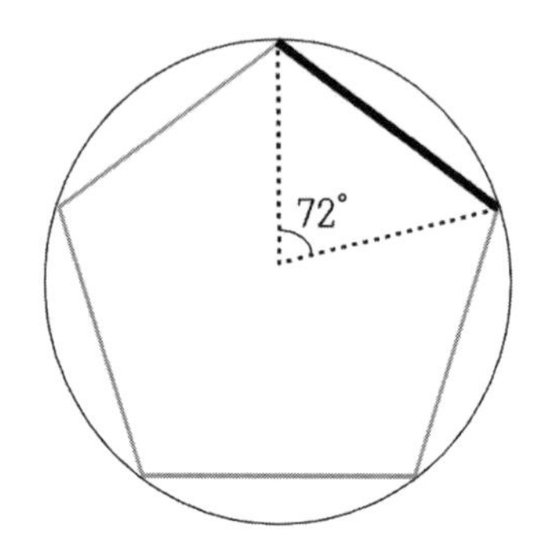

⇒ 정십각형 한 변의 길이
= 중심각 36°에 대한 현의 길이

⇒ 정오각형 한 변의 길이
= 중심각 72°에 대한 현의 길이

마찬가지로 정육각형, 정사각형 등으로 현의 길이를 구하는 내용이 서술되어 있었고, 이어서 프톨레마이오스 정리와 이 정리로부터 주어진 두 중심각의 차와 합에 대한 현의 길이를 구하는 법, 반각에 대한 현의 길이를 구하는 법 등의 내용이 이어지고 있었다[4]. 그리고 역시 히파티아 선생님이 쓰신 주해본답게 그 모든 이론은 얼핏 보아도 매우 직관적이면서 동시에 체계적인 증명들을 수반했다.

내 입이 떡 벌어진 건 '현표' 단원에 이르러서다. 앞서 전개된 수학적 내용들을 토대로 이 단원에는 반지름 길이가 60짜리인 원에 대해서 중

4 245쪽 참고.

심각 0.5°부터 180°까지의 모든 현의 길이가 무려 0.5° 단위로 총망라되어 있었기 때문이다.

Arcs	Chords	Sixtieths	Arcs	Chords	Sixtieths
½	0 31 25	1 2 50	23	23 55 27	1 1 33
1	1 2 50	1 2 50	23½	24 26 13	1 1 30
1½	1 34 15	1 2 50	24	24 56 58	1 1 26
2	2 5 40	1 2 50	24½	25 27 41	1 1 22
2½	2 37 4	1 2 48	25	25 58 22	1 1 19
3	3 8 28	1 2 48	25½	26 29 1	1 1 15
3½	3 39 52	1 2 48	26	26 59 38	1 1 11
4	4 11 16	1 2 47	26½	27 30 14	1 1 8
4½	4 42 40	1 2 47	27	28 0 48	1 1 4
5	5 14 4	1 2 46	27½	28 31 20	1 1 0
5½	5 45 27	1 2 45	28	29 1 50	1 0 56
6	6 16 49	1 2 44	28½	29 32 18	1 0 52
6½	6 48 11	1 2 43	29	30 2 44	1 0 48

(중략)

Arcs	Chords	Sixtieths	Arcs	Chords	Sixtieths
152	116 26 8	0 15 4	174½	119 51 43	0 2 53
152½	116 33 40	0 14 48	175	119 53 10	0 2 36
153	116 41 4	0 14 32	175½	119 54 27	0 2 20
153½	116 48 20	0 14 16	176	119 55 38	0 2 3
154	116 55 28	0 14 0	176½	119 56 39	0 1 47
154½	117 2 28	0 13 44	177	119 57 32	0 1 30
155	117 9 20	0 13 28	177½	119 58 18	0 1 14
155½	117 16 4	0 13 12	178	119 58 55	0 0 57
156	117 22 40	0 12 56	178½	119 59 24	0 0 41
156½	117 29 8	0 12 40	179	119 59 44	0 0 25
157	117 35 28	0 12 24	179½	119 59 56	0 0 9
157½	117 41 40	0 12 7	180	120 0 0	0 0 0

[수학대계에 수록된 현표 – 0.5°부터 180°까지]

도대체 이 방대한 양의 계산을 위해서 얼마만큼의 시간과 노력이 들었을지. 히파티아 선생님을 비롯해 앞선 수학자분들에게 절로 존경심이 샘솟았다.

또한 현표를 보고 있자니 내가 서연이었던 시절에 달달 외웠었던 삼각비표도 자연스럽게 머리에 떠올랐다. 현의 길이는 곧 sin의 두 배에 해당하는 값이기 때문에[5], 현표를 뒤지며 내가 알고 있던 sin 값들을 찾아서 확인해 보는 재미 또한 있었다.

어느 순간부터 깊이 빠져서 시간 가는 줄 모르고 읽던 나는 문득 이번 과제 주제를 다시 떠올려보았다.

수학과 점성술의 관계.

이처럼 체계적으로 서술된 수학책을 마주하고 나니 주제에 대해서 더욱더 의아한 기분을 지울 수 없다. 그리고 광장의 점성가들은 어째서 이 책을 점성술의 필독서라고 했을까?

물론 점성술이라는 게 단순히 감각이나 초자연적인 현상에만 의지하는 것이 아니라 어느 정도는 수학적인 사고에 근거하고 있다는 건 안다. 특히 점성술은 점을 치는 행위에서 천체 현상에 대한 관측이 필수적

---

5 다음과 같은 직각삼각형에서 각 θ에 대한 삼각비 sin(사인) 값은 $\sin\theta = \frac{c}{a}$이다.

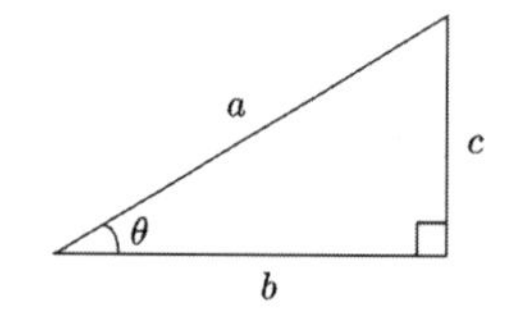

원의 반지름 길이가 1이고 중심각의 크기가 2θ일 때, 중심각 2θ에 대한 현의 길이는 그림과 같이 $2\times sin\theta$이다.

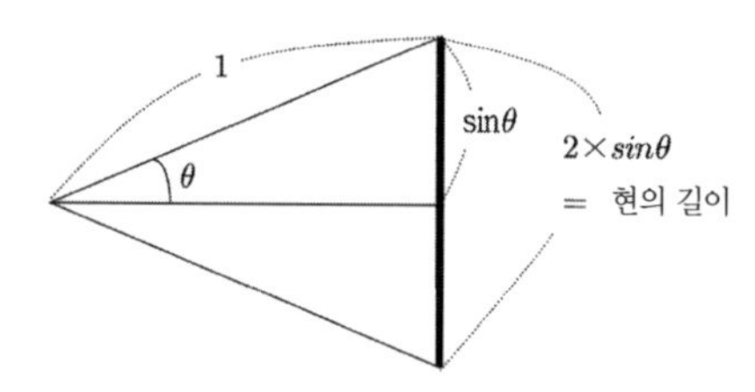

이기 때문에 더욱 정확한 천체 관측을 위해서라도 수학 지식은 필수적일 테지.

하지만 어디까지나 천체 관측은 천체 관측일 뿐, 이로부터 사람의 길흉화복을 점치는 행위는 전혀 별개의 영역이지 않은가! 수학적으로 엄밀한 이론 체계를 바탕으로 명확한 관측 결과를 얻었다 한들, 그 자료가 본질적으로 어떻게 인간의 운명과 장래를 예측하는 근거로 쓰일 수 있단 말인가?

예를 들어, 점성가들이 흔히들 길吉성이라 부르는 목성이나 금성이 몇 날 몇 시에 정확하게 어느 위치에 나타난 사실이 옆집 사는 아무개가 새롭게 장사를 시작해 금전적인 성공을 거두는 것과 대체 무슨 인과 관계가 있겠는가.

물론 지금 시대의 사람들은 대부분 하늘에 대해 일종의 경외감을 갖고 있고, 천체 현상이 인간을 지배하고 있다는 식의 믿음을 갖고 있다는 것은 안다. 하지만 믿음이란 어디까지나 믿음일 뿐. 나로서는 그런 종교와도 같은 믿음의 근거로써 수학을 들먹인다는 자체가 오히려 불쾌하게까지 느껴진다.

책을 덮고 고민에 빠졌다. 어떤 답을 적어내야 할지…. 장고 끝에 결국 나는 내 소신대로 두루마리에 다음과 같이 적었다.

점성술의 본질은 종교적인 믿음입니다. 따라서 합리적인 지성의 결과인 수학과는 그 관계를 논할 수 없습니다.

V.

'무슨 말씀을 하시려고 부른 걸까?'

나는 히파티아 선생님의 부름을 받고서 선생님의 연구실로 가는 중이다. 알렉산드리아 무세이온[6]의 으뜸가는 수학 교수이자 도서관장이기도 한 히파티아 선생님의 연구실은 건물의 꼭대기 층에 있고, 평소에 학생들이 함부로 드나드는 곳은 아니기 때문에 복도에서 마주치는 교수님마다 내 인사에 깜짝깜짝 놀라셨다.

아마도 좋은 말씀을 하시려고 부른 건 아닐 테지. 어제 제출한 내 답안은 누가 봐도 유별났을 테니까. 하지만 몇 번이고 다시 고쳐 생각해 봐도 나는 내 답안에 떳떳하다. 오히려 이렇게 선생님과 독대할 기회를 얻은 김에 되레 여쭈어보고 싶은 마음이다. 왜 그런 주제의 과제를 내신 거냐고. 그리고 선생님께서 원하셨던 답은 무슨 내용이었느냐고 말이다.

연구실에 다다르니 웬 중무장을 한 병사 여럿이 문 앞을 지키고 서 있었다. 순간 긴장이 됐지만, 병사들은 그저 나를 쏘아보기만 할 뿐 딱히 앞을 막아선다거나 하지는 않았다. 나는 문 앞에 서서 숨을 고른 후, 조심히 문을 두드렸다.

"선생님. 저 사라입니다."

---

6 알렉산드리아 제1도서관 브루치움과 제2도서관 세라피움 등을 아우르는 상위 기관이다. 브루치움에는 약 100여 명의 교수가 소속되어 학문을 연구하였고, 오늘날의 대학 캠퍼스처럼 강의실, 회의실, 독서실, 식당, 정원 등의 시설이 있었다. 세라피움은 공공도서관의 성격으로, 기원전 47년 대화재로 브루치움의 장서들이 대량 손실된 후로 알렉산드리아의 주 도서관이 되었다.

"어, 왔니? 잠시만."

선생님의 목소리는 언제 들어도 참 기품이 넘친다. 교실 밖에서 들으니 수업하실 때의 목소리와는 또 다른 나긋나긋함도 느껴진다.

잠시 후 문이 열리더니 화려한 옷을 입은 남자가 걸어 나왔다. 이 사람은! 나는 황급히 고개를 숙이며 옆으로 길을 비켰다. 오레스테스 총독이었다. 아마도 문 앞에 서 있는 병사들은 그의 호위병들이었던 모양이다.

"곧 또 보지요. 선생."

오레스테스 총독은 선생님과 가볍게 목례를 주고받고선 호위병들을 이끌고 계단을 내려갔다.

총독이 평소에 히파티아 선생님과 두터운 친분을 유지하고 있다는 얘기는 들었지만, 이처럼 직접 연구실까지 왕래하는 사이였을 줄이야. 하긴, 총독뿐 아니라 현재 제국의 유력한 정치가 중 상당수가 히파티아 선생님과 직간접적인 친분을 유지하고 있고, 애초에 그들 상당수는 선생님의 제자이기도 하니, 총독 입장에서는 선생님을 자신의 측근으로 삼는 것이 여러모로 좋을 테지.

"후후. 거기 그렇게 서 있지 말고 안으로 들어오렴."

고개를 드니 선생님께서 문 앞에 나와서 미소 짓고 계셨다.

"아, 네."

선생님을 따라 연구실 안으로 들어갔다. 벽면에 책이 빽빽하게 들어찼고, 사방에는 시선을 끄는 온갖 수학 교구가 늘어서 있는 방이었다.

의자가 빙 둘러 있는 원탁으로 나를 인도한 선생님은 곧 눈에 익은 두루마리를 갖고 오셨다. 내가 어제 과제로 제출했던 그 두루마리다.

"이렇게 둘이 마주 앉아서 얘기하는 건 처음이네? 안 그래도 늘 우수한 성적을 거둔 너를 한 번쯤 부르려던 참이었는데."

"감사합니다. 선생님."

"이번에 내가 널 부른 이유는 사라, 네가 제출한 답안 때문이야."

올 것이 왔구나. 침을 꿀꺽 삼켰다.

"네 답안을 본 교수들이 한바탕 난리를 치길래, 대체 어떻게 썼기에 그러나 보니 아니나 다를까, 참 흥미로운 답안이더라."

"그것 때문에 부르셨을 거란 건 저도 짐작하고 있었어요. 마침 저도 이번 과제에 대해서 선생님께 질문하고 싶은 것이 많았고요."

"호, 그래? 뭐가 궁금했는데?"

"… 우선은 선생님께서 듣고 싶으신 답부터 드릴게요, 제가 뭘 말씀드리면 되나요?"

히파티아 선생님은 팔걸이에 몸을 기대며 말씀하셨다.

"평소에 네가 보여줬던 뛰어난 학업 성취를 고려해 보면, 나는 네가 이번 답안도 결코 가볍게 적어낸 게 아니라 생각해. 물론 다른 교수들은 나와 의견이 좀 다르지만. 후후. 그래서 나는 네가 이번 답을 작성한 경위에 대해서 자세히 들려주었으면 해."

"답을 작성한 경위라면… 일단은 광장의 점성가들에게 이번 과제에 도움이 될 만한 책을 물어봤어요."

"그래서?"

"다들 수학대계를 추천하기에, 선생님께서 쓰신 주해본을 도서관에서 구해 공부했어요."

"흠… 혹시 내가 쓴 책이 맘에 안 들었니?"

"아니에요. 전혀요. 선생님의 주해본은 정말 감탄스러웠어요. 특히 수학 이론의 전개는 짜임새 있으면서 직관적이었고, 서술된 증명들도 놀랍도록 깔끔하다는 인상을 받았습니다. 하지만…."

"하지만?"

"선생님께서 쓰신 체계적인 수학 이론은 어디까지나 천체의 움직임을 더 잘 설명하는 도구에 불과할 뿐, 인간의 운명이나 국가의 흥망성쇠를 판단하는 점술의 근거가 되어 주지는 못한다고 판단했어요."

혹시 내가 너무 무례한 답을 한 건 아닐까? 문득 걱정되어 선생님의 눈치를 살폈으나, 다행히도 선생님의 표정은 여전히 부드러웠다.

"그랬구나. 하지만 내 앞이었기에 망정이지, 지금 그 말을 다른 교수들 앞에서 했다간 이교도라고 낙인찍힐걸?"

가슴이 철렁했다. 기독교가 국교인 지금 시대에서 이교도로 낙인찍힌다는 건, 언제든지 강경 기독교인들의 손에 죽을 수 있음을 시사한다.

"하지만 선생님. 아무리 해도 합리적인 사고와 종교적인 믿음이 공존할 수는 없지 않나요? 수학은 믿음이 아니잖아요."

"사라야. 수학으로 천체의 움직임을 설명하는 게 정말로 합리적인 사고에 근거한다고 생각해?"

"… 아닌가요?"

선생님은 알 수 없는 웃음을 지으시더니 앞으로 몸을 숙여 갑자기 원탁 위 빈 두루마리에 원을 그리기 시작했다.

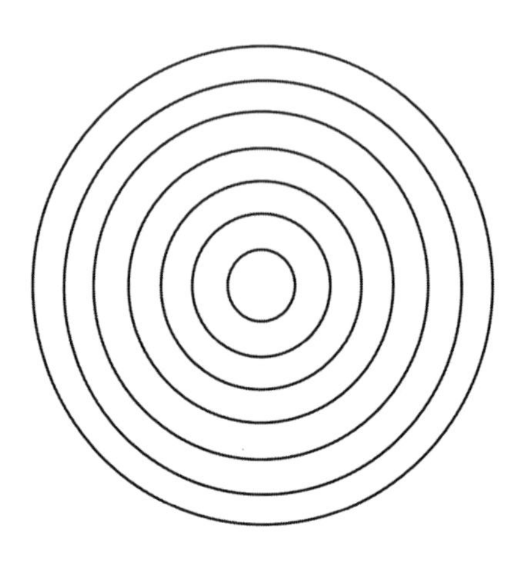

"자, 사라야. 이게 뭐 같니?"

"동심원[7]… 이요?"

선생님은 별다른 반응 없이 그대로 동심원 위에 그림을 더 그려나갔다. 나는 영문을 알 수 없어 그 모습을 그저 묵묵히 지켜보았다.

7 같은 중심을 가지는, 반지름이 다른 두 개 이상의 원.

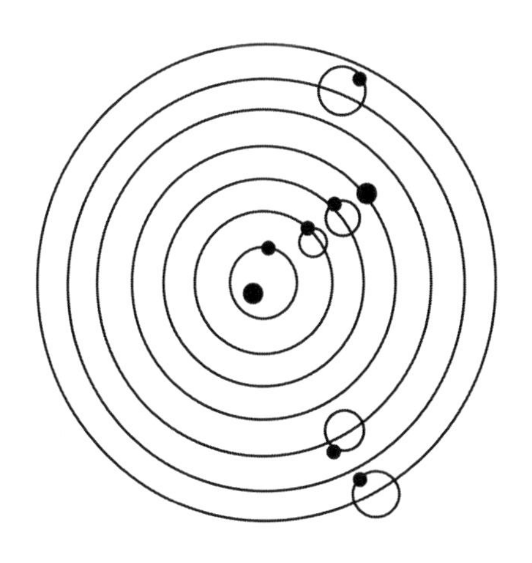

이건…!

"자. 이제는 뭐 같니?"

"천체들이요. 가운데서부터 지구, 달, 수성, 금성, 태양, 화성, 목성, 토성과 그 궤도에요."

선생님께서는 펜을 내려놓고 다시 의자에 몸을 기댔다.

"그래. 프톨레마이오스는 천체들의 움직임을 이처럼 지구의 둘레를 도는 대원들과 수, 금, 화, 목, 토에 붙은 주전원들로 설명했어. 그 이유는 너도 알 거고."

지동설과는 달리, 천동설은 일부 천체들의 역행 현상을 설명하기 위해서 공전 궤도뿐만 아니라 주전원의 개념까지 필요하다. 그런데 이걸 왜 지금 내게 보여주시는 걸까.

"왜 하필이면 원일까?"

"네?"

"사라, 너는 천체들의 움직임이 왜 하필이면 원 모양을 그린다고 생각해?"

질문하는 선생님의 의도를 모르겠다. 물론 나는 서연이었던 시절에 지동설을 배웠기 때문에 천체의 공전 궤도가 원형이 아니라 타원형이라는 사실을 알지만, 지금 시대에 그런 답을 듣고자 물으신 건 아닐 테고.

아마도 지금 시대에 적절한 대답은…

"원이 가장 완벽한 도형이기 때문 아닌가요?"

"그래. 모두들 그렇게 설명하지. 그러면 여기서 의문. 왜 원이 가장 완벽한 도형일까?"

"네?"

"원이 완벽한 도형이란 것도, 그런 이유로 천체들이 원운동을 한다는 것도, 모두 일종의 믿음에 가까워. 애초에 완벽하다는 기준부터가 수학적으로 명확한 개념이 아니잖니?"

"그건… 그렇죠."

"그리고 또, 왜 하필이면 이처럼 두 종류의 원이 있어서 행성이 역행운동을 하는 걸까?"

"글쎄요?"

"마찬가지야. 왜 대원의 중심은 정확하게 지구가 아니어서 공전 속도가 달라지는 걸까? 그리고 왜 대원 하나에는 단 하나의 행성만이 있는 걸까? 왜 지구로부터 천체의 순서는 이렇게 정해져 있고, 달과 태양에는 왜 주전원이 없으며, 왜 수성, 금성, 태양은 일직선상에 놓여 있는 걸까? 그 무엇도 합리적인 사고로 완벽하게 설명되지 않아. 결국 '그것이 신의 섭리니까'라는 종교적인 근거에 귀결할 뿐."

"천체의 움직임을 설명하는 이론은 종교적인 믿음을 근거로 하고 있다는 말씀이신가요?"

"그보다 더 직접적으로 '신의 섭리에 의존하고 있다'는 얘기야."

"신의 섭리에 의존한다…."

"넌 수학이 천체의 움직임을 설명할 뿐, 점술의 근거가 되지는 못한다고 했지? 그건 그저 종교적인 믿음일 뿐이라고 덧붙이면서 말이야. 하지만 사라야. 수학이 천체의 움직임을 설명한다는 것부터가 사실은 애초에 종교적인 믿음에 불과해. 적어도 지금은 말이야."

"… 적어도 지금은?"

"후후. 나중에는 이론이 어떻게 바뀔지 모르잖니."

흠칫 놀랐다. 설마 선생님께서는 프톨레마이오스의 천동설이 훗날 깨어질 걸 염두에 두신 걸까?

그런 게 아니라도, 선생님의 말씀에는 분명 일리가 있다. '신의 섭리'라는 근거에 바탕을 둔 이론으로 천체의 움직임을 설명했으니, 그 움직임의 결과 역시 '신의 섭리'를 반영한다고 보는 것이 어찌 보면 자연스러운 사고일 거다. 천체의 움직임이 신의 섭리를 반영한다는 그것이 바로 점성술의 근거이기도 하고 말이다.

"덧붙여서, 신의 섭리란 걸 논하기에 가장 적합한 종교는 다름 아닌 기독교란다. 기독교의 창조 논리는 앞서 그 모든 의문을 덮어두고 믿게끔 해주거든. 역설적이게도 종교가 수학의 빈틈을 메워주는 모양새인 거야."

선생님께서는 이런 이유로 그런 주제를 과제로 내신 거구나. 비록 여전히 마음 한편에 거부감은 남아 있지만, 머리로는 납득이 된다.

"만약에 내가 사라, 너라면 답을 이렇게 적어냈을 거야."

"네?"

갑자기 선생님께서는 웃음을 터뜨리셨다.

"방금까지 한 말은 어디까지나 하나의 모범답안일 뿐이야. 아무렴 설마 수학이 종교적 믿음이겠니? 맹목적인 믿음을 합리적인 이해로 바꾸는 것이 바로 수학인데 말이지."

"저는 선생님께서 정말로 그렇게 생각하시는 줄만 알았어요."

"후후. 어쩜 너는 예전의 나랑 똑같니? 수업 시간 때도 그러더니, 이렇게 마주하고 보니까 더욱더 내 예전 모습을 보는 것만 같네."

"네? 제가요?"

"물론 외모는 네가 나보다 더 낫지만."

"아, 아니에요. 선생님께서 저보다 훨씬 더 아름다우시죠."

선생님은 한바탕 웃으시더니 팔걸이에 몸을 기대고 나를 지긋이 바라보셨다.

"사라야. 혹시 너 내 수업의 조교를 맡아볼래?"

"네?"

갑작스러운 말씀에 나는 깜짝 놀랐다.

"듣기로는 혼자서 산다던데. 내 연구실에서 지내며 네가 원하는 공부도 마음껏 해보는 게 어때? 네가 지낼 만한 방도 하나 내어줄 테니."

"말씀은 너무나 감사하지만… 제게 왜?"

"후후, 너처럼 훌륭한 학생을 한번 제내로 시도해 보고픈 내 욕심이랄까? 나도 마침 같이 연구할 사람이 있으면 좋겠다고 생각하던 참이었고. 그렇다고 해서 여자인 내가 남학생을 연구실에 들일 수는 없는 노릇이잖아?"

이렇게 큰 제안을 덜컥 받아들여도 되는 걸까? 순간 대답이 망설여졌다.

"그러고 보니 네 부모님은? 넌 왜 혼자서 지내는 거야?"

"아, 저의 부모님께서는 모두 유대교인이셨거든요."

"뭐!?"

한동안 무거운 침묵이 이어졌다. '사라'인 내 친부모님 두 분은 몇 년 전 유대교인 탄압 사건 때 강경 기독교인들이 던진 돌에 맞아서 돌아가셨다.

"나도 혼자니까 앞으론 나를 네 엄마처럼 생각하고, 힘든 일이 있거나 도움이 필요하면 언제나 내게 털어놓고 기대렴. 안 그래도 늘 딸이 하나 있으면 좋겠다고 생각했는데, 너 같은 아이라면 나로서도 참 과분하지."

나는 얼굴이 화끈 달아올랐다. 선생님의 얘기에 어떻게 반응해야 할지 몰라 우물쭈물했다.

마지막 희망의 꽃

I.

일기를 쓰지 않으니 예전 생들의 기억이 사라지는 속도가 정말 대단하다. 이번 삶에 덧씌워진 지 불과 며칠 지나지 않았는데 벌써 설이였던 시절조차도 희미할 정도다. 하지만 삶이 덧씌워졌던 그날, 지난 시절의 이름을 곧장 두루마리에 적어놓았던 탓에 내가 그런 이름들로 살았었다는 사실만은 또렷하게 기억하고 있다.

기록에 대한 집착을 어느 정도 내려놓은 후로 한편으로는 마음이 편해졌다는 기분도 든다. 예전에는 기억을 잃는 걸 막연하게 두려워했었지만, 어차피 노력한다고 해서 돌아가거나 바꿀 수도 없는 과거에 더는 연연하지 않고 현재의 삶에 집중하는 것이 나쁘지만은 않은, 아니 썩 괜찮은 삶의 자세라는 생각도 든다. '그녀'를 마주했던 후로 어쩌면 내가 조금 허무감에 빠진 건지도 모르겠다.

지금 나는 히파티아 선생님의 연구실에 와 있다. 그날 선생님의 권유를 받아들여 조교가 된 이후로 선생님은 내게 연구실에 비치된 많은 수학 교구들을 내 나름대로 분류해 보고, 교구와 관련된 수학 이론들을 정리해 보라는 첫 과제를 내주셨다.

이론을 정리하는 과정에서 불가피하게 지난 삶들에서 습득한 여러 수학 지식도 되새김하게 되겠지만, 이는 그저 히파티아 선생님의 조교로서 내 삶에 충실하기 위한 것일 뿐이지, 되새김 그 자체에 의의를 두는 행위는 아니다. '그녀'도 분명히 내게 지금의 삶을 충실하게 살길 요구했으니 별문제가 되진 않을 거라 생각한다.

이번에 내 앞에 가져다 놓은 것은 원뿔곡선 교구다. 원뿔곡선이란 평면으로 원뿔을 잘랐을 때 생기는 곡선인 원, 타원, 포물선, 쌍곡선을 모두 일컫는 용어다.

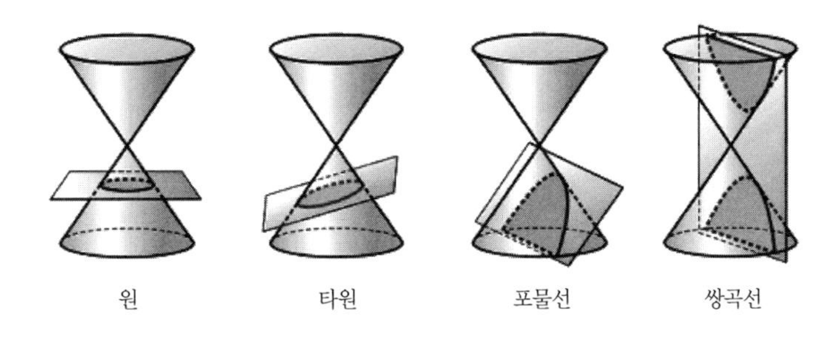

이 곡선들을 서연이었던 시절에는 이차곡선이라는 명칭으로 배웠다. 이차곡선이라 불렀던 이유는 원뿔곡선을 방정식으로 표현하면 그

결과가 모두 이차방정식[1]으로 유도되기 때문이었다.

방정식을 유도하는 방법은 각 원뿔곡선이 갖는 특성을 이용하는 것이다. 예를 들어 원뿔을 밑면과 평행한 평면으로 잘랐을 때 나타나는 곡선인 원은 평면의 한 고정점으로부터 거리가 일정한 점들의 모임으로 구성되어 있다는 특성을 가진다. 즉 원의 중심에 일정한 길이(r)의 실을 고정하고 팽팽하게 유지한 채 한 바퀴 돌려 선을 그리면 원이 그려진다.

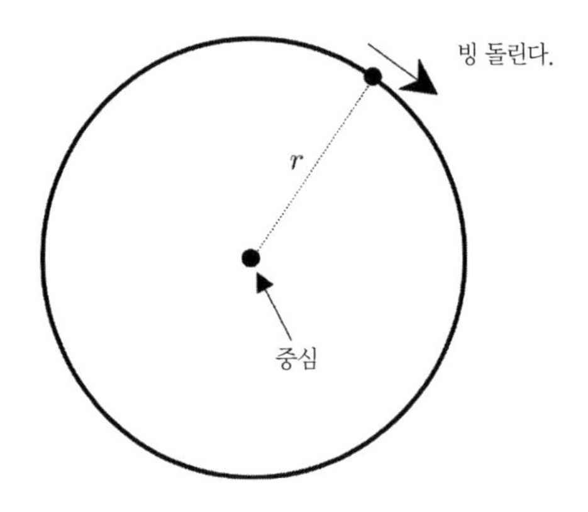

이로부터 원의 방정식을 유도하는 건, 그저 피타고라스의 정리를 이용하여 원의 중심(원점)과 원 위의 임의의 점 사이의 거리를 구하는 것으로 가능하다. 그리고 그 결과는 다음과 같이 이차방정식 꼴이다.

---

1 최고차항의 차수가 2인 다항방정식. 예를 들어 두 미지수 x, y에 대하여 $x^2+y^2=1$, $x^2+2x+3y^2+4y=0$ 등은 모두 이차방정식이다.

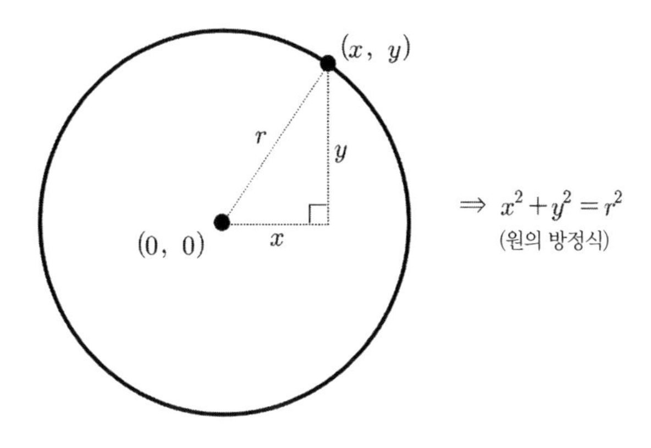

마찬가지로 원뿔곡선인 타원은 평면의 두 고정점으로부터 거리의 합이 일정한 점들의 모임으로 구성된다는 특성을 갖는다. 즉, 두 초점에 일정한 길이의 실을 고정하고 팽팽하게 유지한 채 한 바퀴 돌려 선을 그리면 타원이 그려진다.

타원의 방정식을 유도하는 건, 원의 방정식과 마찬가지로 이 특성으로부터 피타고라스의 정리를 이용하여 두 거리의 합을 구하면 된다.

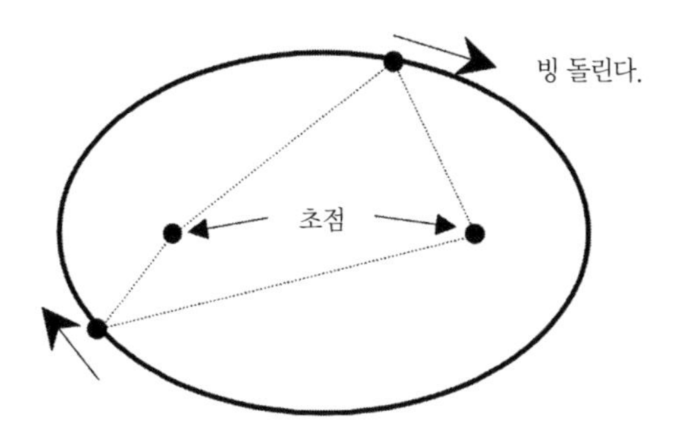

쌍곡선은 타원과는 반대다. 즉 쌍곡선은 평면의 두 초점으로부터 거리의 차가 일정한 점들의 모임으로 구성된다는 특성을 갖는다.

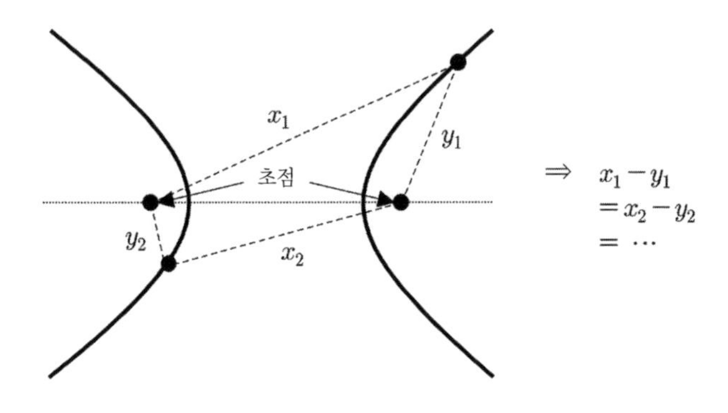

마지막으로 포물선은 초점과 한 직선으로부터의 거리가 같은 점들의 모임으로 구성된다는 특성을 갖는다. 그리고 그 직선을 준선이라고 한다.

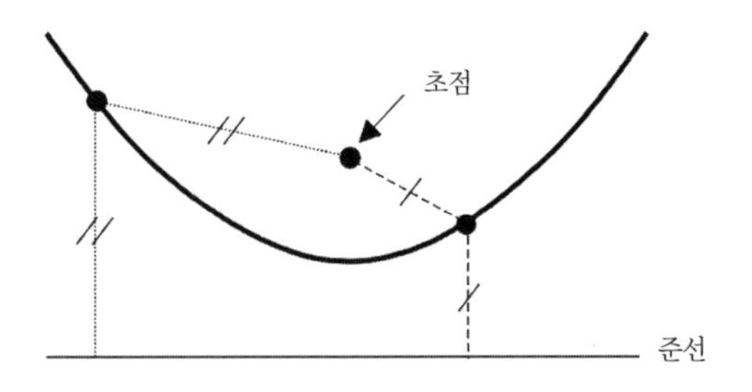

그러고 보니 문득 의문이 든다. 이차곡선으로서의 원, 타원, 쌍곡선, 포물선의 핵심은 결국 해당 곡선들의 '초점'이다. 원에서는 초점을 원의 중심이라 하면, (포물선에서는 준선 역시 중요한 역할을 하지만) 네 종류의 곡선들은 모두 초점이 해당 곡선의 형태를 결정하는 중요한 역할을 한다는 걸 알 수 있다.

하지만 원뿔곡선으로서의 네 곡선에는 이러한 초점이 드러나지 않는다. 즉 원뿔을 평면으로 적절히 잘라서 원이든 타원이든 만들었을 때, 우리 눈에는 해당 곡선의 형태만 보일 뿐, 그 곡선의 초점까지 보이진 않는다.

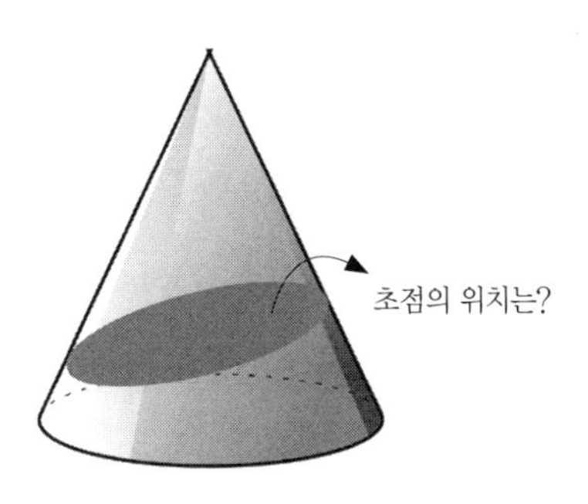

생각이 여기에 이르자, 당연하게 같은 개념이라고 여겨왔던 원뿔곡선과 이차곡선의 개념이 몹시 이질적으로 느껴졌다. 수학자들은 어떤 계기로 원뿔곡선에서는 보이지도 않던 초점을 인지했으며, 어떤 방법으로 각각의 곡선에서 이를 찾아냈을까? 그리고 왜 이 초점으로 원뿔곡선을 재정의했던 걸까?

"무슨 생각에 그리 깊이 빠져 있니?"

깜짝 놀라서 돌아보니 히파티아 선생님이 계셨다.

"원뿔곡선에 대해서 생각 중이었어요."

"그래? 뭐 궁금한 거라도 있니?"

이에 대해서 선생님께 한번 여쭤볼까? 하지만 지금 시대에는 이차곡선이란 개념도, 하물며 원뿔곡선의 초점 개념도 구체화되기 이전일 텐데.

그래. 기왕에 여쭤본다면, 차라리…

"선생님. 혹시 원뿔곡선의 역사를 요약해 주실 수 있나요?"

"원뿔곡선의 역사?"

너무 광범위한 질문일까? 하지만 선생님은 잠시 고민하시더니, 내 맞은편 자리로 와 앉으셨다.

"일단은 사라, 네가 어디까지 알고 있는지부터 말해볼래? 아니면 내가 처음부터 다 말해주길 바라는 거야?"

"아폴로니오스[2]가 그의 저서 원뿔곡선론에서 원뿔곡선에 대한 이론을 정립했다는 건 알고 있어요."

"그 이전엔?"

"그 이전이요?"

"응. 기왕 원뿔곡선의 역사에 대해 다루려면 시작부터 제대로 짚어야지."

"… 잘 모르겠어요. 아폴로니오스 이전엔 누가 있었죠?"

---

2 아폴로니오스(기원전 262년~기원전 190년)는 고대 그리스의 수학자로, 흔히 유클리드, 아르키메데스와 함께 그리스의 3대 수학자로 꼽힌다.

"여러 명 있지. 그중에서 특히 메나이크모스는 빼놓으면 안 되고."

"메나이크모스요?"

"에우독소스[3]의 제자였는데, 아폴로니오스보다 백여 년 앞서 원뿔 곡선을 연구했던 수학자야."

나는 급히 펜을 들어 필기할 준비를 했다. 선생님은 그런 나를 흐뭇하게 바라보셨다.

"메나이크모스는 세 종류의 원뿔, 즉 꼭지각이 각각 예각, 직각, 둔각인 직원뿔을 평면으로 잘라서 나타나는 단면의 곡선으로부터 원, 타원, 쌍곡선, 포물선을 만들었지. 아폴로니오스와의 차이점이라면, 메나이크모스는 원뿔을 단 하나만 이용해서 곡선을 만들었기 때문에 쌍곡선도 지금처럼 마주 보는 곡선 2개로 이루어진 게 아니라 달랑 1개의 곡선만 존재했다는 거야. 기울어진 원뿔은 그 대상으로 삼지 않았다는 점도 꼽을 수 있고."

나는 부지런히 선생님의 설명을 받아 적었다. 메나이크모스라는 수학자에 대해선 이번 기회에 처음 알게 되었는데, 아직도 내가 모르는 수학자들이 이렇게나 많구나.

"그러면 여기서 의문!"

"?"

"메나이크모스는 왜 원뿔곡선을 연구했을까?"

---

3 에우독소스(기원전 4세기경)는 고대 그리스의 수학자, 천문학자로 플라톤의 수제자였다. 그의 연구는 이후 유클리드, 아리스토텔레스, 프톨레마이오스 등의 연구에도 큰 영감을 주었다.

"궁금… 했으니까요?"

"후후. 그야 물론 그렇지. 그러니까 왜 궁금해했을 것 같아?"

"… 글쎄요."

"아마도 그 시작은 소피스트[4] 3대 문제에서부터일 거야. 3대 문제는 수업에서 배웠던 기억이 있지?"

"아아, 네."

소피스트 3대 문제란 임의로 주어진 각을 삼등분하는 문제(삼등분 문제), 주어진 정육면체의 2배 부피를 갖는 정육면체를 작도하는 문제(배적 문제), 주어진 원과 같은 넓이의 정사각형을 작도하는 문제(정방화 문제)를 일컫는다. 현재는 물론이고, 이후로도 오랜 시간 동안 수학계의 풀리지 않는 대표 난제들로서 군림했다.[5]

내가 실비아였던 시절에 아마도 정육면체의 작도 문제가 처음 발의되었을 거다. 그때 나도 본의 아니게 대결 구도의 중심이 된 바람에 꽤나 애먹었었고, 이후에 나름 괜찮은 해결책을 제안하기도 했었지. 후훗, 사실은 애초부터 답이 중요했던 대결이 아니었는데 말이야.

"메나이크모스는 3대 문제 중 두 번째 문제인 배적 문제에 대한 해법을 연구하는 과정에서 타원과 포물선, 그리고 쌍곡선을 발견했을 가능성이 커. 하지만 문제는 역시 작도였지."

---

4 기원전 5세기에서 4세기경의 그리스 아테네를 배경으로 활동했던 지식인 집단이다.

5 문제들이 발의된 지 2000년 이상의 시간이 지난 19세기에 이르러서야 마침내 세 문제 모두 작도가 불가능하다는 것이 증명되었다. 현재는 '3대 작도 불가능 문제'라고도 불린다.

"자도요?"

"당시에는 타원이나 쌍곡선, 포물선 등을 작도하는 방법이 밝혀지지 않았었거든. 쉽게 말해서, 곡선을 그리고 싶어도 그릴 수가 없었던 거지."

"아하."

"그래서 메나이크모스가 고안한 게 바로 원뿔을 절단하는 방법이었던 거야. 직원뿔을 잘라서 그 단면을 대고서 곡선을 그리는 방식으로."

"그게 바로 원뿔곡선의 시작이었던 거군요?!"

"아마도. 하지만 당연하게도 매번 원뿔을 잘라서 곡선을 그리는 건 한계가 있으니까, 이후의 수학자들은 이 원뿔곡선을 원뿔 없이도 그릴 수 있는 방법을 연구한 거야. 그리고 이에 대한 놀라운 방법을 제시한 사람이 바로 파푸스[6]고."

"파푸스… 교수님이라면, 얼마 되지 않은 일이었나 보네요?"

"그렇지. 내가 태어나기 바로 전에 돌아가셨던 분이라서 나도 직접 뵙진 못했지만, 내 아버지와도 매우 친분이 깊었던 교수님이셨다지."

"그 파푸스 교수님께서 제시하신 방법이란 건 뭔가요?"

"사실 수학적으로 엄밀히 검증된 방법은 아냐. 그래서 나도 수업 시간에 너희에게 알려준 적은 없는 거고. 하지만 내가 오랜 시간 몰입해서 공부하기엔 충분한, 꽤 흥미로운 내용이었어."

---

6 파푸스(290년~350년)는 고대 그리스의 위대한 수학자 중 한 명으로, 알렉산드리아 대학의 수학 교수이기도 했다.

"그게 뭔데요? 저에게도 알려주세요."

선생님은 미소를 지으며 책상 위에 새 두루마리 하나를 펼치셨다. 그리고 그 위에 원뿔곡선 교구를 대고서 포물선과 타원, 쌍곡선을 각각 그리셨다.

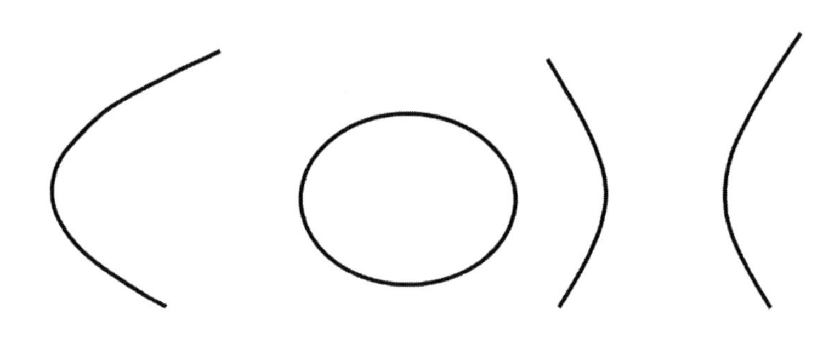

"자, 이 곡선들에 말이야. 이렇게 각각 점과 직선을 그려보자."

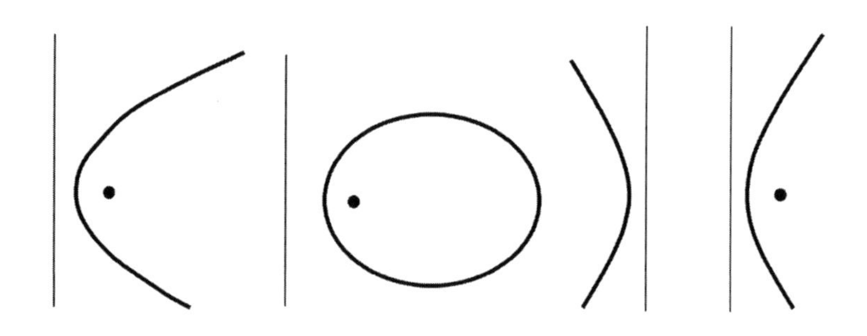

깜짝 놀랐다. 설마 지금 선생님이 초점과 준선을 표현하신 건가?

"자, 이제 각 곡선에서 아무렇게나 점을 찍고, 그 점에서 이 직선과 점에 각각 수선과 선분을 그리는 거야. 그리고 각각의 길이를 α, β라고 해볼세."

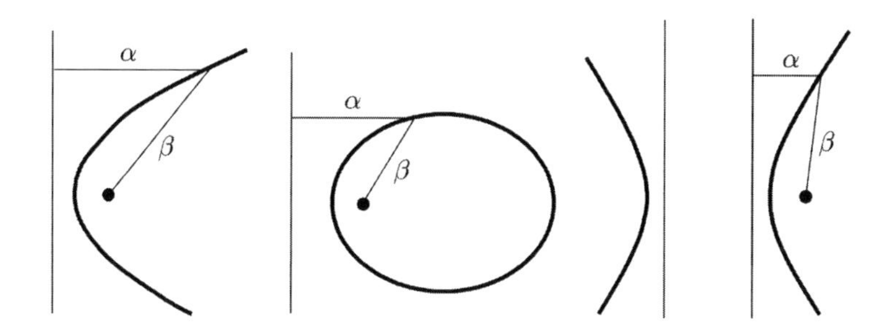

가슴이 두근거렸다. 타원과 쌍곡선의 그림은 다소 생소하지만, 직감적으로 왼쪽의 포물선 그림은 방금 그린 직선과 점이 각각 준선과 초점을 나타낸다는 사실이 와 닿았기 때문이다.

"선생님. 이 점과 직선은 아무렇게나 그리신 건가요? 아니면 어떤 조건이 부여된 건가요?"

"후후. 아주 좋은 질문인데, 그에 답하기에 앞서 우선 이 이론의 결론부터 얘기해 줄게. 파푸스 교수는 바로 이 α와 β의 비 $\frac{\beta}{\alpha}$가 세 곡선에서 각각 고유한 특성을 지닌다는 사실을 발견했어. 포물선의 경우에는 $\frac{\beta}{\alpha}=1$로, 타원의 경우에는 $0<\frac{\beta}{\alpha}<1$로, 쌍곡선의 경우에는 $\frac{\beta}{\alpha}>1$로 말이지. 따라서 이 성질을 잘만 이용한다면? 원뿔곡선 교구 없이도 그저 점과 직선을 활용해서 원뿔곡선을 작도할 수 있을 거란 얘기야."

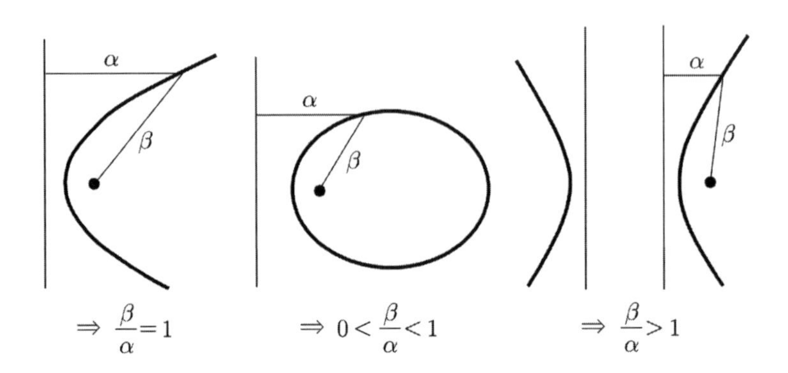

그동안 한 번도 생각해 보지 못한 이론이다. 서연이었던 시절에도 이런 내용을 배웠던 기억은 없는데. 비록 선생님이 수식적인 증명까지 보여주진 않았지만, 그림을 보면 직관적으로는 매우 그럴듯하게 느껴졌다.

"이건 정말 생각지도 못한 시각이네요!"

"그치? 역시 넌 한 번에 바로 이해하는구나. 참 빠르단 말이야. 아, 그리고 이제 너의 질문에 대한 답인데, 당연히 이 점과 직선은 아무렇게나 그린 게 아니야. 포물선에서는 곡선의 꼭짓점으로부터 같은 거리만큼 떨어져 있어야 하고, 타원에서는 선이 더 멀리, 쌍곡선에서는 점이 더 멀리 있어야 해. 하지만 아마도 이건 최소한의 조건일 거고, 안타깝게도 파푸스는 이 점과 직선이 가져야 할 조건들을 명확하게 제시하지는 못했어. 당연히 이런 성질을 역이용해서 작도한 곡선이 정말로 원뿔곡선과 같은 것인지도 불분명한 상황이지. 참 흥미로운 이론이긴 한데, 아직은 그저 가설일 뿐이야."

"그럼 히파티아 선생님께서는 파푸스 교수님이 채우지 못한 그 내용을 연구하신 건가요?"

"아니. 나는 그보다도 이 파푸스의 이론에서 나타난 특이한 점들에 더 큰 호기심을 느꼈거든."

나는 순간 소름이 돋았다.

"옛날에 아르키메데스가 포물면을 이용해서 태양 빛을 한 점으로 모으는 장치를 만들었던 건 알지? 나는 파푸스의 이 이론을 보고서 포물선뿐만 아니라 타원이나 쌍곡선에도 그런 독특한 점들이 존재할 수 있을 거란 가능성을 엿봤던 거야. 후후. 원이야 당연히 중점을 그런 점이라고 볼 수 있을 테고."

"그래서 어떻게 되셨나요?"

"연구 끝에 나는 이런 독특한 점들이 단순히 각 곡선에 존재한다는 사실을 넘어서, 원뿔곡선의 종류와 그 구체적인 형태까지도 결정하는 열쇠라는 결론에 이르렀어. 그뿐만 아니라, 알고 보면 네 종류의 원뿔곡선들은 제각기 별도로 존재하는 대상들이 아니라, 그 독특한 점의 위치 변화에 따라서 연결되는 대상들이란 사실도 알게 됐지."

Ⅱ.

연구실 근처에 마련된 내 방으로 돌아온 나는 오늘 선생님에게 배운 내용을 갈무리했다. 원뿔곡선에서 초점이 중요한 개념이란 사실은 이미 내게 익숙한 내용이었지만, 그다음에 말씀하신 내용은 아직 미궁 속에 있다. 네 종류의 원뿔곡선이 하나로 연결된다니?

이에 관한 히파티아 선생님의 설명을 요약하자면 이렇다.

우선 **"원의 중점이 둘로 나뉘어 멀어지면 타원이 된다."** 즉 반대로 해석하자면 타원의 두 초점(선생님은 초점이란 용어를 쓰진 않으셨지만)이 하나로 합쳐진 것이 원이다.

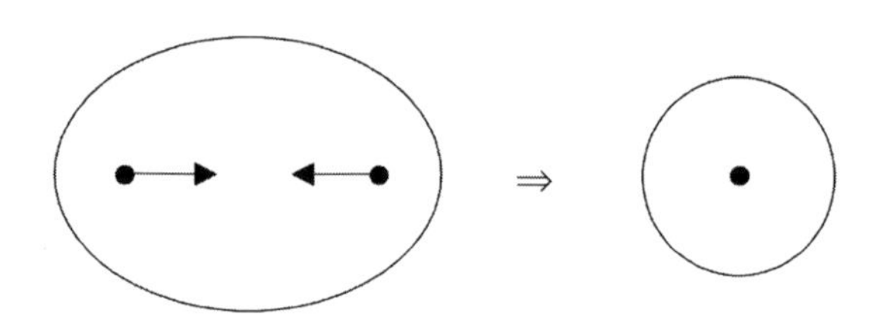

이건 사실 그 자리에서 바로 이해가 되었다. 문제는 포물선과 쌍곡선인데, **"타원의 두 초점이 무한히 멀어지면 포물선이 되고, 무한을 넘어 반대편에서 초점이 나타나면 쌍곡선이 된다."**는 설명이었다.

선생님은 이해하지 못하고 고민에 빠진 내게 두 초점 중에서 하나는 고정하고 다른 하나를 이동시켜 보라는 실마리를 주셨지만, 여전히 내 머리로는 타원의 한 초점을 이동시킨 결과가 더 큰 타원으로만 연상될 뿐이었다.

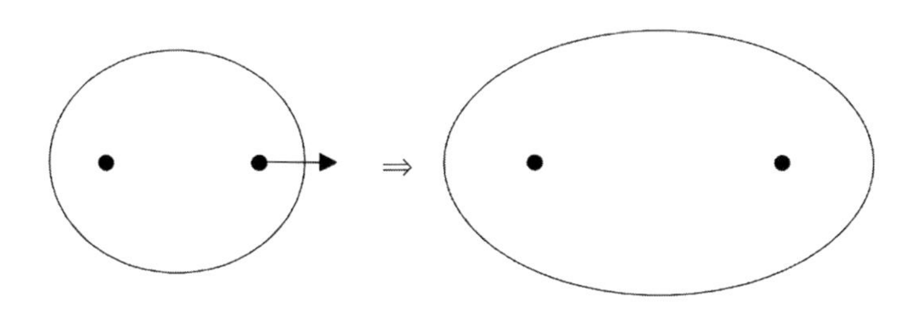

타원이 아무리 커진다 한들 포물선이나 쌍곡선이 될 리는 만무할 듯싶은데. 대체 히파티아 선생님은 어떻게 이걸로 포물선과 쌍곡선을 연상하신 걸까?

… 차라리 수식으로 접근을 해볼까. 도형 문제를 그림으로 풀기 어려울 때는 좌표계를 이용해서 방정식으로 푸는 방법이 훨씬 쉬우니까. 비록 지금 시대에는 좌표라는 개념조차 없으니 이런 접근법을 시도한다는 게 조금 치사하게 느껴지긴 하지만, 굳이 내가 알고 있는 지식을 활용하지 않을 이유도 없으니.

새 두루마리를 펼쳤다. 하지만 이내 당황스러운 상황에 마주하게 됐는데, 그동안 일기를 쓰지 않았던 탓인지 서연이었던 시절에 배웠던 이차곡선의 방정식이 기억나지 않았다.

불행 중 다행인 건, 방정식을 유도하는 원리만큼은 기억이 난다는 점이다. 나는 다시 침착하게 이차곡선의 방정식부터 차근차근 유도해보기로 마음먹었다.

우선 포물선의 방정식부터다. 포물선의 방정식은 포물선 위에 있는 임의의 점으로부터 초점까지의 거리와 준선까지의 거리가 같다는 특성으로부터 유도할 수 있다.

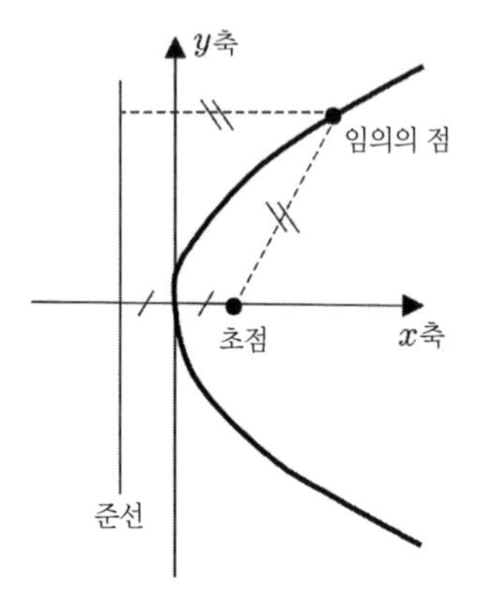

이제 이 그림에 좌표를 각각 부여한다.

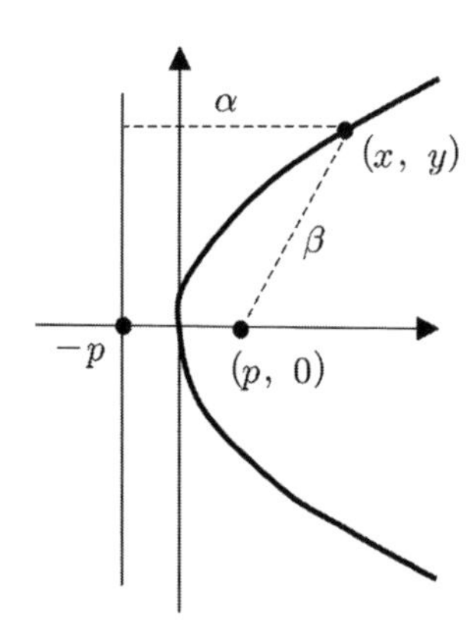

점 (x, y)로부터 준선까지의 거리(α)는 $x+p$이고, 초점까지의 거리

(β)는 피타고라스의 정리에 따라 $\sqrt{(x-p)^2+y^2}$ 이다.[7] 이때 포물선의 특성에 의해서 $\alpha=\beta$ 이므로,

$$\begin{aligned}\alpha=\beta \quad &\Rightarrow \quad x+p=\sqrt{(x-p)^2+y^2}\\ &\Rightarrow \quad (x+p)^2=\left\{\sqrt{(x-p)^2+y^2}\right\}^2\\ &\Rightarrow \quad x^2+2px+p^2=(x-p)^2+y^2\\ &\Rightarrow \quad x^2+2px+p^2=x^2-2px+p^2+y^2\\ &\Rightarrow \quad \boldsymbol{y^2=4px}\end{aligned}$$

맞아! 포물선 방정식의 기본형은 바로 이거였어! 역시 기본 원리를 기억하면 설령 공식을 잊는다고 해도 큰 문제가 되진 않는구나.

다음은 타원의 방정식이다. 타원의 방정식은 타원 위의 임의의 점으로부터 두 초점까지 거리의 합이 일정하다는 특성로부터 유도한다. 히파티아 선생님이 두 초점 중 하나는 고정하라고 하셨으니까, 방금 그린 포물선 그림에서 초점 $(p,\ 0)$은 유지하자.

---

7 아래 그림에서 피타고라스의 정리에 따라 $\beta^2=(x-p)^2+y^2$이고, 따라서 $\beta=\sqrt{(x-p)^2+y^2}$ 이다.

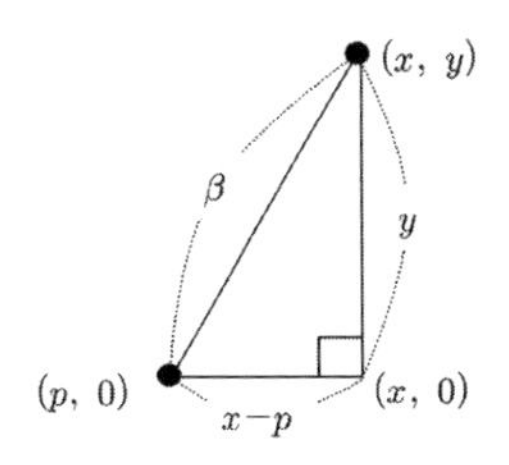

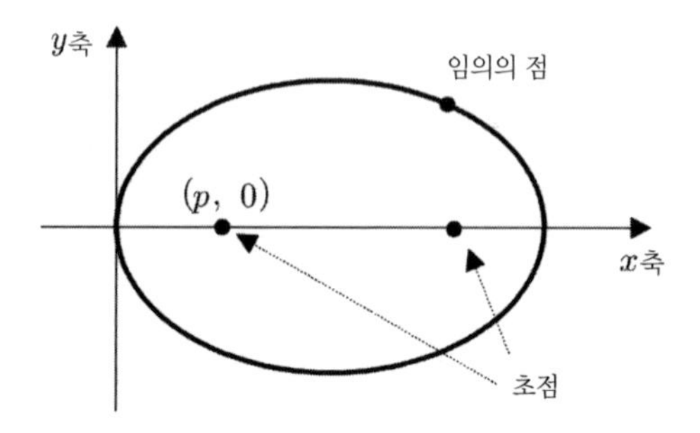

이제 다른 대상들에도 좌표를 부여한다.

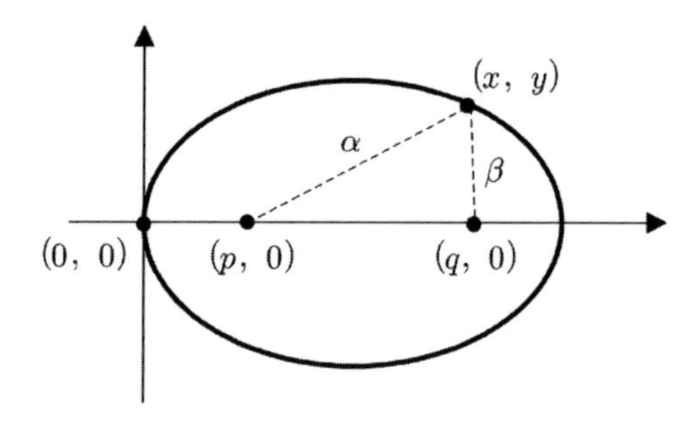

타원 위의 점 (x, y)로부터 두 초점까지 거리의 합은 $\alpha+\beta=\sqrt{(x-p)^2+y^2}+\sqrt{(x-q)^2+y^2}$이고, 또 다른 타원 위의 점인 $(0, 0)$으로부터 두 초점까지 거리의 합은 $p+q$이다. 타원의 특성에 의해 이 두 값은 같으므로,

$$\sqrt{(x-p)^2+y^2}+\sqrt{(x-q)^2+y^2}=p+q$$
$$\Rightarrow \sqrt{(x-p)^2+y^2}=(p+q)-\sqrt{(x-q)^2+y^2}$$
$$\Rightarrow x^2-2px+p^2+y^2=(p+q)^2-2(p+q)\sqrt{(x-q)^2+y^2}+x^2-2qx+q^2+y^2$$

$$\Rightarrow 2(q-p)x+p^2-q^2-(p+q)^2=-2(p+q)\sqrt{(x-q)^2+y^2}$$

$$\Rightarrow \frac{p-q}{p+q}x+q=\sqrt{(x-q)^2+y^2}$$

$$\Rightarrow \frac{(p-q)^2}{(p+q)^2}x^2+2q\frac{p-q}{p+q}x+q^2=x^2-2qx+q^2+y^2$$

$$\Rightarrow y^2=\frac{p^2-2pq+q^2-p^2-2pq-q^2}{(p+q)^2}x^2+2q\frac{p-q+p+q}{p+q}x$$

$$\Rightarrow y^2=\frac{-4pq}{(p+q)^2}x^2+\frac{4pq}{p+q}x=\frac{-4pq}{(p+q)^2}\left(x-\frac{p+q}{2}\right)^2+pq$$

$$\Rightarrow y^2+\frac{4pq}{(p+q)^2}\left(x-\frac{p+q}{2}\right)^2=pq$$

$$\Rightarrow y^2+\frac{4pq}{(p+q)^2}\left\{x^2-(p+q)x+\frac{(p+q)^2}{4}\right\}=pq$$

$$\Rightarrow y^2+\frac{4pq}{(p+q)^2}x^2-\frac{4pq}{p+q}x+pq=pq$$

$$\Rightarrow y^2+\frac{4p}{q+2p+\frac{p^2}{q}}x^2-\frac{4p}{1+\frac{p}{q}}x=0$$

이건 아무리 봐도 식이 너무 복잡한데…. 혹시 내가 잘못하고 있는 걸까?

하지만 타원의 특성을 그대로 이용하였고, 전개 과정에서 계산 실수는 없었으니까 비록 복잡해 보여도 이 역시 타원의 방정식임은 분명하다.

그럼 이제 이 상태에서 히파티아 선생님의 설명에 따라 타원의 한 초점 $(p,\ 0)$를 고정한 채, 또 다른 초점 $(q,\ 0)$을 한없이 멀리 떨어뜨려

보자. 즉 q가 무한대(∞)가 된다고 생각해 보는 거다. 그러면 p는 상수[8] 이기 때문에, 방금 유도한 타원의 방정식에서 두 분모는 각각 다음과 같이 변한다.[9]

$$q+2p+\frac{p^2}{q} \xrightarrow{q\to\infty} \infty$$

$$1+\frac{p}{q} \xrightarrow{q\to\infty} 1$$

따라서 이를 다시 타원의 방정식에 대입하면 이렇게 된다.

$$y^2+\frac{4p}{\infty}x^2-\frac{4p}{1}x=0 \quad \Rightarrow \quad y^2+0x^2-4px=0$$

$$\Rightarrow \quad \boldsymbol{y^2=4px}$$

마지막 결과를 손으로 적으며 나는 소리를 지를 뻔했다. 이건 아까 유도했던 포물선의 방정식과 같다! 히파티아 선생님의 말씀 따라, 정말로 두 초점이 무한히 멀어진 타원은 포물선임이 증명된 것이다!

---

8 그 값이 변하지 않는 불변량으로, 변수의 반대말.

9 이를 조금 더 풀어쓰면 다음과 같다.

$$q+2p+\frac{p^2}{q} \xrightarrow{q\to\infty} \infty+2p+\frac{p^2}{\infty}=\infty+2p+0=\infty$$

$$1+\frac{p}{q} \xrightarrow{q\to\infty} 1+\frac{p}{\infty}=1+0=1$$

이때 $\frac{1}{\infty}$는 분수가 아닌, $\lim_{q\to\infty}\frac{1}{q}$를 의미한다. 그리고 극한의 정의에 따라 $\lim_{q\to\infty}\frac{1}{q}=0$이다.

이게 정말로 가능한 거였다니…. 여전히 직관적으로는 이해되지 않는 결론이지만, 내 눈앞에 전개된 수식은 그런 내 직관을 넘어선 미지의 영역 그 무언가를 보여주고 있는 듯하다.

그리고 타원의 방정식을 유도하는 중에 기억난 것이 있는데, 쌍곡선의 방정식은 타원 방정식과 이차항 계수의 부호가 반대라는 사실이다. 즉, x^2의 계수가 양수일 때 만약 y^2의 계수도 양수이면 타원의 방정식이지만, y^2의 계수가 음수이면 쌍곡선의 방정식이다.[10]

따라서 쌍곡선의 방정식은 굳이 손으로 유도해 볼 필요도 없이 그 결과가 눈에 보였다. 선생님의 말씀에 따라 초점 $(q,\ 0)$을 다른 초점 $(p,\ 0)$의 반대편으로 옮겨서 $(-q,\ 0)$이라 하면, 방금 유도했던 타원의 방정식에서 x^2의 계수인 $\frac{4pq}{(p+q)^2}$가 $\frac{4p(-q)}{(p+(-q))^2} = -\frac{4pq}{(p-q)^2}$가 되므로 부호가 $+$에서 $-$로 바뀐다. 즉 쌍곡선의 방정식이다.

---

10 이차원 직교좌표계에서 타원 방정식의 표준형 $\frac{x^2}{a^2}+\frac{y^2}{b^2}=1$에 대응하는 쌍곡선 방정식의 표준형은 $\frac{x^2}{a^2}-\frac{y^2}{b^2}=1$이다.

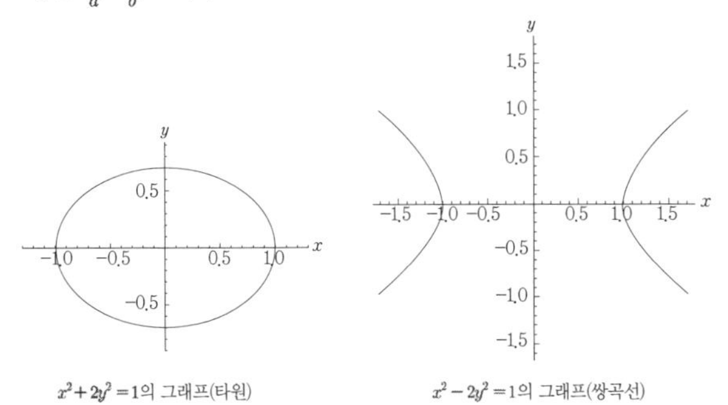

$x^2+2y^2=1$의 그래프(타원)

$x^2-2y^2=1$의 그래프(쌍곡선)

이 또한 사실 직관적으로는 전혀 와 닿지 않는다. 하지만 어찌 되었든 수식으로는 히파티아 선생님의 이론이 참이라는 사실이 입증된 셈이다.

이전까지는 제각기 별개라 생각되었던 원, 타원, 포물선, 쌍곡선이 단순히 초점의 위치 변화에 따라서 연속적으로 나타나게 된다. 마치 네 곡선이 본질적으로는 하나였던 것처럼 말이다. 이 얼마나 놀랍고도 아름다운 정리인지!

Ⅲ.

아침에 눈을 뜨자마자 나는 어제 해결하지 못한, 이론을 직관적으로 이해할 수 있는 방법을 여쭙기 위해 히파티아 선생님의 방으로 건너왔다. 너무 이른 시각이라 아직 주무실까 싶어 문 앞에 서서 작은 목소리로 말했다.

“선생님, 저 사라에요.”

“어? 그래. 들어오렴.”

다행히도 일찍 일어나셨는지 선생님은 특유의 부드러운 목소리로 화답하셨다. 긴장했던 마음이 풀어진다.

문을 열고 들어가니 은은한 포도 향이 향긋하게 코끝을 간질였다. 선생님께서는 평소에도 수업 사이 쉬는 시간마다 포도주에 따듯한 물을 희식한 음료를 즐겨 마시곤 하신다.

“어제 낮에 설명해 주신 정리에 대해서 제 나름대로 검토를 마쳤어요.”

“뭐? 벌써?”

선생님의 두 눈이 커졌다.

“다만….”

“다만?”

“마지막에 알려주신 ‘점의 위치 변화에 따라 네 종류의 원뿔곡선은 연속되어 나타난다’는 이론이 참임은 확인하였지만, 아직도 그 내용이 머리에 직관적으로는 와닿지 않아요. 이에 대해 선생님께서는 어제 제게 타원의 두 점 중 하나는 고정하고 다른 하나를 이동시키며 생각해 보라고 귀띔해 주셨죠. 하지만 저는 그 방법으로도 여전히 더 커다란 타원만이 연상될 뿐, 포물선이나 쌍곡선이 연상되지는 않더라고요.”

“그러면 넌 이 이론을 어떻게 검증한 거니?”

“수식으로요.”

“직관적 이해도 없이 수식 논증만으로? 그거야말로 정말 쉽지 않은 일인데!”

“아…”

“그래서, 그 이론의 직관적인 이해를 도와달라고 아침에 눈 뜨자마자 이렇게 찾아온 거야?”

“네.”

선생님께서는 활짝 웃으시더니 마시던 찻잔을 책상에 내려놓고서 나를 손짓해 부르셨다. 나는 선생님의 옆자리로 가 앉았다. 책상 위 한 편에 놓인 모래판이 눈에 띄었다.

"자, 일단 내가 어제 네게 뭐라고 설명해줬지? 다시 읊어볼래?"

"타원의 한 점을 무한으로, 그리고 다른 점의 반대편으로 이동해 보라고요."

"흠. 지금 네 답을 들으니 두 가지는 알겠네. 무한에 대한 오해와 평면에 국한된 사고."

"네?"

무한에 대한 오해? 나도 나름 무한에 대해선 많은 공부를 해왔다고 생각하는데. 하물며 지금 시대에는 없는 극한의 개념도 숙지하고 있고.

그리고 평면으로 국한된 사고라니? 그게 지금 이 문제와 무슨 연관이 있는 거지?

"자, 봐봐."

선생님께서는 모래판 위에 조그맣게 타원과 두 초점을 그렸다.

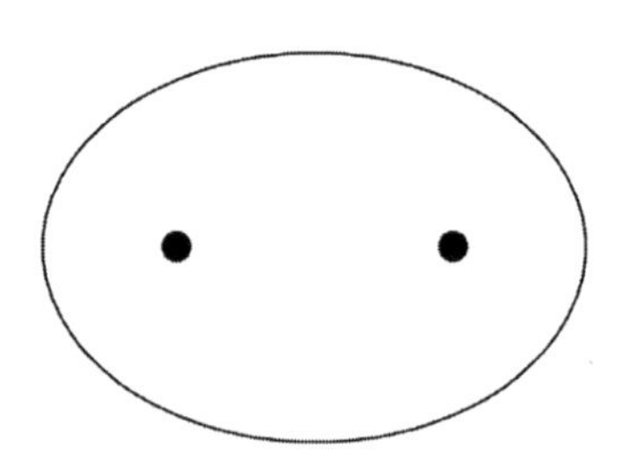

"여기서 내가 이 왼쪽 점을 고정하고 오른쪽 점을 더 멀리 이동시키

면 그에 따라 타원도 커지겠지? 네가 생각한 것처럼."

"네."

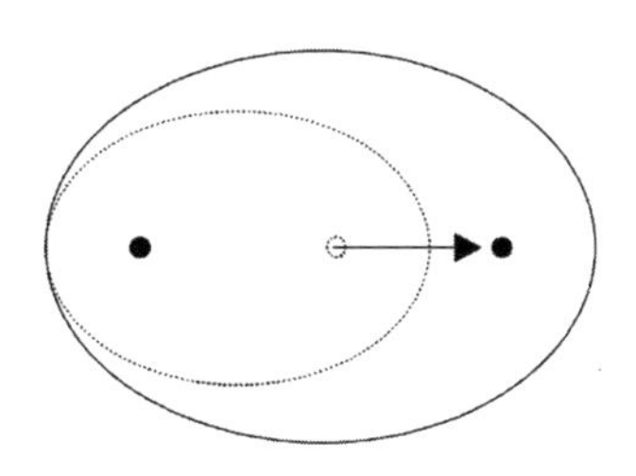

"이보다 더 멀리 이동시키면?"

"더 큰 타원이 나타나죠."

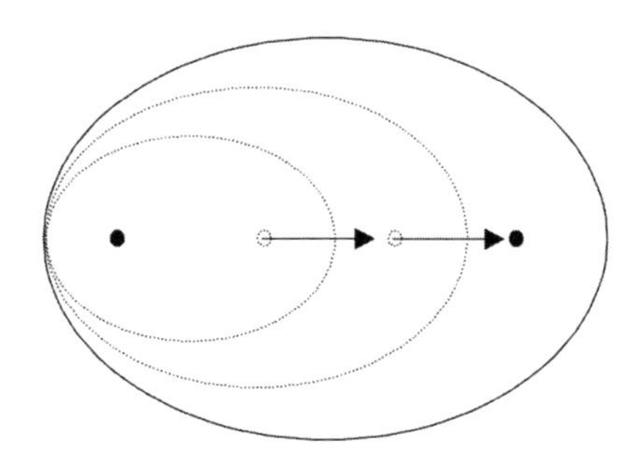

"더욱더 멀어져서 무한히 멀어지면 어떻게 될 거 같아?"

"무한히 큰 타원이 나타나지 않나요?"

"아니지, 사라야. 무한히 먼 거리는 우리 눈에 보이지 않잖아."

"네?"

순간 머리를 한 대 맞은 것 같은 기분이 들었다.

"네가 아무리 큰 타원을 상상한다고 해도, 그게 여전히 타원인 이상 두 점 사이의 거리는 유한한 값이야. 바꿔 말해서, 우리 눈에 보인다는 건 곧 두 점이 아직도 유한한 거리만큼 떨어져 있단 말이지."

… 그렇다! 머릿속에 두 점의 위치를 모두 인지한다는 건, 두 점 사이의 거리가 무한이 아닌 유한이기 때문에 가능한 얘기다.

"이 오른쪽의 점이 무한히 멀어지면 어떻게 될까? 결국 우리 눈에는 보이지 않게 돼. 마치 사라진 것처럼 말이지. 따라서 우리 눈에는 그저 타원의 왼쪽 일부분만이 보이게 된단다. 바로 이렇게."

선생님께서는 손바닥으로 타원의 오른쪽을 쓸어버리셨다.

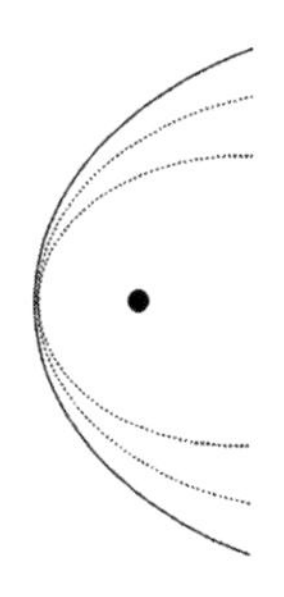

"포물선!"

"이제 좀 알겠니?"

간결하면서도 충격적이다. 왜 나는 어제 단 한 번도 이렇게 생각해 보지는 못한 걸까. 이렇게나 명쾌한데.

"그러면 쌍곡선은요? 오른쪽의 점이 무한을 넘어 반대편에 나타나면 쌍곡선이 된다는 설명은 또 어떻게 받아들일 수 있는 건가요?"

"후후. 평면에서라면 이렇게 무한히 멀어진 타원의 오른쪽 부분은 영영 보이지 않겠지. 하지만 구면에서라면?"

"아…!"

"생각해 봐. 하물며 우리가 살고 있는 이 지구의 표면도 구면이니까. 타원의 오른쪽 부분은 넘어간 반대편에서 다시 나타나지 않겠어? 이렇게."

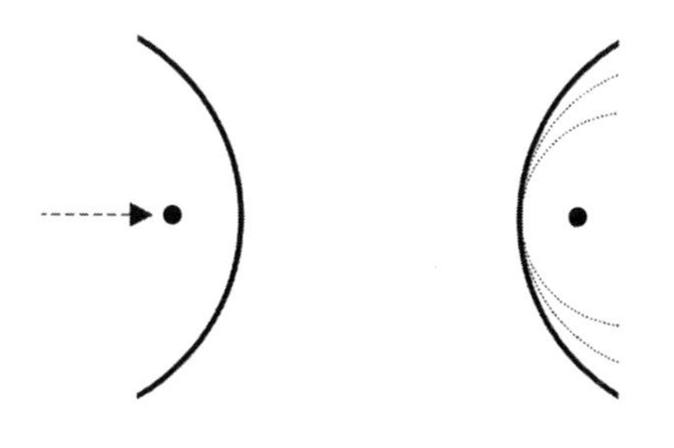

이걸 이렇게 생각할 수 있는 거구나. 마치 지구의 반대편에서 타원의 오른쪽이 나타난 것처럼.

구면이라니. 정말 상상조차 못 했다. 무한의 거리도 그렇고, 선생님의 몇 마디 말씀은 그동안 내 직관을 둘러싸고 있던 어떤 벽 같은 존재를 허무는 듯했다.

"선생님. 혹시 이 내용을 따로 집필해두신 책이 있나요? 있으면 그 제목 좀 알려주세요. 오늘 당장에라도 도서관에 가서 공부해 보고 싶어서요."

"지금은 없어."

"네?"

"내가 쓴 원뿔곡선론은 세라피움 사태 때 모두 소실됐지."

"맙소사! 그럼 이후에 새로 쓰시지는 않았나요?"

"지금에 와서 원뿔곡선에 관한 새 책을 집필하겠다고 하면 주위에서 뭐라 그럴까? 총독은 아마 이해해 준다 해도, 대주교는 쓸데없는 데에 시간과 비용을 낭비한다면서 길길이 날뛸걸? 학교 내에서도 반기는 사람이 아마 거의 없을 거야."

"그럴 리가요? 학문적인 성과에 쓸 데 있고 없고를 왜 따지나요?"

"후후. 대주교 키릴로스는 같은 기독교 신자들마저도 혀를 내두르는 아주 강경한 근본주의자[11]거든."

"고작 그 키릴로스 한 사람 때문에 이런 놀라운 이론을 후대에 남기지 못하신다는 건 말도 안 돼요!"

"그게 그렇게 간단한 문제가 아니란다. 사라야."

말씀하시는 선생님의 표정이 어딘가 씁쓸해 보인다. 내가 모르는 다른 무언가가 있는 걸까?

"대신에 키릴로스도 점성술에 관한 책의 집필은 허가해 주니까, 아쉬운 대로 지금은 연구 주제를 그에 대해서로 집중하는 것이 최선이야."

"아 그래서 저번에 내주신 과제 주제도 점성술과 수학을 연관시키셨

---

11 종교적 교리에만 충실해야 한다는 사상을 가진 자들을 뜻한다.

넌 서군요?"

선생님은 고개를 끄덕이며 말씀하셨다.

"맞아. 지금 세상은 말이 안 되어도, 말이 되어야만 하는 세상이거든."

애써 담담히 말씀하시는 히파티아 선생님의 얼굴이 슬퍼 보여 나는 더 이상 할 말이 떠오르지 않았다.

IV.

히파티아 선생님의 연구실에서 지낸 지 이 주일 정도의 시간이 흘렀다.

매일 아침 나는 선생님의 방에 들러서 그날의 수업 준비를 돕고, 낮 동안에는 수업에 관한 여러 보조 업무(출석 관리, 과제 평가, 시험 감독 및 채점 등)를 한다. 그리고 그날의 수업 일정이 모두 마치면 선생님으로부터 따로 개인 교습을 받고 있다.

한번은 내게 조만간 강의를 맡겨볼 계획이라고도 하셨다. 선생님께서는 아마도 나를 진지하게 본인의 후계자로 양성하려 하시는 듯하다.

개인 교습 후에는 온전히 내 자유시간이다. 연구실에 있는 수학 교구들에 대해서는 어느 정도 이론 정리가 끝났기에, 며칠 전부터는 도서관에 비치된 히파티아 선생님의 저서들을 조금씩 가져와 공부하기 시작했다. 어제 가져온 책인 디오판토스[12]의 산법[13] 주해본은 주로 일차, 이차방정식에 관한 내용으로 구성되어 있기에 그리 어렵지 않게 진도를 나가는 중이다.

똑똑.

한창 책에 몰입하고 있는데, 연구실 문을 두드리는 소리가 들렸다.

"히파티아 교수님! 저 이아손입니다!"

누구지? 처음 듣는 목소리인데.

"아, 편지가 왔나 봐. 사라야. 가서 문 좀 열어주겠니?"

"네."

나는 문으로 가 자신을 이아손이라 밝힌 남자를 맞이하였다. 그는 메고 온 가방에서 히파티아 선생님 앞으로 온 편지 한 뭉치를 꺼내어 내게 내밀었다.

"수고하셨습니다."

나는 이아손에게서 편지들을 건네받았다. 아니, 받으려 했다. 하지만 어째선지 그는 편지들을 꽉 움켜쥔 채 놓지 않았다.

"저에게 주시겠어요? 히파티아 선생님의 조교거든요."

"..."

---

12 디오판토스(200년 또는 214년~284년 또는 298년)는 알렉산드리아에서 활동한 고대 그리스의 수학자로, 정수론과 대수학의 발전에 큰 공헌을 했다.

13 250년경에 저술된 책으로, 대수학 분야의 고전 서적 중에 가장 유명한 책으로 손꼽힌다. 1637년에 피에르 드 페르마가 이 책의 여백에 '페르마의 마지막 정리'를 적은 일화로도 유명하다.

그는 내 말을 듣고도 편지 더미를 놓지 않았다. 무슨 일인가 싶어서 고개를 들어보니, 그는 두 눈을 크게 뜨고서 몹시 놀란 표정을 짓고 있었다.

“왜 그러세요? 무슨 문제라도 있으신지요?”

“당, 당신은… 누구십니까?!”

내가 누구냐고? 그런 건 왜 묻는 거지?

“아, 방금 말씀드린 대로 히파티아 선생님의 조교인 사라라고 합니다. 무슨 일 때문에 그러시죠?”

“사라… 라고요?!”

눈빛이 이리저리 흔들리던 그는, 별안간 나를 위아래로 훑어보기 시작했다. 나는 깜짝 놀라 그에게서 편지를 빼어 들고서 소리쳤다.

“아니 갑자기 왜 제 몸을 훑어보는 거죠? 몹시 불쾌합니다!”

“아아! 죄송합니다!”

그는 허겁지겁 고개 숙여 내게 사과를 하더니 도망치듯이 뒷걸음쳐 달아나 버렸다. 이아손이라고 했던가? 기분 나쁜 사내다.

“왜 그래, 사라야? 무슨 일 있어?”

큰 소리에 놀라셨는지, 히파티아 선생님께서 빠른 걸음으로 나오셨다.

“저자가 갑자기 제 몸을 기분 나쁘게 훑어보기에 깜짝 놀라 큰 소리를 냈습니다. 죄송해요.”

“이아손이? 그 아이가 그런 무례한 행동을 했다고?”

“네. 원래 좀 이상한 사람인가요?”

“아니. 붙임성 좋고 예의도 바르고 착한 아이인데.”

"…"

"아마도 예쁜 외모의 네게 첫눈에 반해서 실수를 한 게 아닐까 싶네. 다음에 오면 내가 따끔하게 혼낼 테니까 화 풀렴."

어린아이를 달래듯 내 머리를 쓰다듬어 주시는 손길에 마음은 어느새 차분해졌다.

"어디, 무슨 편지들이 왔나 좀 볼까?"

편지 뭉치를 건네 드렸다. 히파티아 선생님께서는 편지의 발신인들을 죽 넘겨 보다가 한 편지에서 멈칫거리셨다.

"키릴로스가 웬일일까?"

"대주교의 편지인가요?"

선생님은 굳은 얼굴로 편지를 펼쳐보셨다. 읽어 내려가는 선생님의 표정은 점점 더 굳어갔다.

"무슨 내용인가요?"

"… 이 자가 이젠 대학의 수업 내용까지도 손을 대려고 하네?"

"네?"

"앞으로는 모든 수업에서 이론의 근거를 성서에 두라는구나."

"이론의 근거를 성서에 두라뇨? 그게 무슨?"

정적이 흐르며 묘한 긴장감이 주위를 감쌌다. 이내 선생님께서는 다시 입을 떼셨다.

"아무래도 교수들을 모아서 얘기를 해봐야겠어. 사라야. 나가서 교수들에게 급히 내 연구실로 오라고 전파해줘. 지금 바로."

"네! 선생님."

나는 곧바로 뒤돌아 연구실을 나왔다. 문틈으로 보이는 선생님은 탁자에 손을 짚고서 깊은 고민에 빠진 모습이셨다.

V.

"어쩔 수 없이 따라야 하지 않겠습니까?"

문학 교수님의 말이다.

"하지만 성서에 공리가 적혀 있기를 하오? 용어의 정의가 적혀 있기를 하오? 어떻게 학문의 근간을 갑자기 성서에 둘 수 있느냔 말이오."

기하학 교수님의 말이다.

"지금 대주교의 눈 밖에 났다간 예전의 세라피움 사태가 또다시 벌어지지 말란 법 없어. 적당히 짜 맞추면 적당히 그럴싸한 수준의 수업은 가능할 게야."

역학 교수님의 말이다.

각 학문영역의 대표 교수님들이 모두 모여 히파티아 선생님을 중심으로 큰 원탁에 둘러앉아 열띤 토론을 벌이는 중이다. 키릴로스의 지침에 대해 찬성하는 분들이 절반, 반대하는 분들이 나머지 절반의 양상을 이루어, 좀처럼 이견이 좁혀지지 않은 채 소모적인 논쟁이 이어지고 있다.

"히파티아 교수님! 설마 그런 말도 안 되는 지침을 따르라고 하시진 않겠죠? 절대 안 됩니다!"

문법학 교수님의 말이다.

"말도 안 된다니! 네 놈이 지금 감히 대주교님의 말씀을 비하한 것이냐?"

또다시 문학 교수님의 말이다.

히파티아 선생님은 아까부터 무표정한 얼굴로 과열되어 가는 교수님들의 설전을 가만히 보고만 계셨다. 대체 무슨 생각을 하고 계신 걸까?

그렇게 한참의 시간이 흘러, 마침내 선생님께서는 오른손을 들어 모든 교수님의 발언을 중단시키며 입을 떼셨다.

"대주교가 원하는 것이 뭔지 알겠어."

모두가 히파티아 선생님을 주목했다.

"대주교는 나를 시험해 보려는 거지. 내가 자신의 말이 될 수 있는 사람인지 아닌지를 말이야. 후후. 결국은 이렇게 나오시겠다?"

히파티아 선생님은 별안간 나를 쳐다보시더니 옅게 미소를 지어 보이셨다. 그리고 이내 결의에 찬 얼굴로 자리에서 일어나 단호한 어조로 말씀을 이어가셨다.

"우리 알렉산드리아 대학의 수업은 이후로도 변화 없이 해왔던 대로 합니다. 우화는 그저 우화로, 신화는 그저 신화로 가르쳐야 하죠. 미신을 마치 진리인 양 가르친다? 끔찍한 일입니다! 합리적인 사고를 하는 학생이라면 그런 가르침을 고문이라 느낄 거고요. 다들 정말로 한 점의 부끄럼도 없이 그런 수업을 학생들 앞에서 하실 수 있겠어요?!"

방금까지 키릴로스의 지침에 찬성하고 나섰던 교수님들도 히파티아 선생님의 말씀에는 그 누구 하나 답하지 못했다.

"더욱이 비극적인 일은, 우리가 만약에 그런 우스꽝스러운 수업을 시작한다면 처음엔 고문이라 느꼈던 그 학생들조차도 언젠가 결국 익숙해지고 말 거란 사실입니다! 심지어는 그런 수업에 만족하는 학생들마저 생겨나겠죠. 그야말로 진리의 불씨가 소멸하는 순간인 겁니다. 절대로 그래선 안 돼요! 우리 인간은 살아있는 진리를 향해서 끊임없이 정면 도전을 해야만 합니다. 미신이란 막연하고 실체가 없는 것이기에, 언젠가 결국 그러한 우리의 도전에 무너지고 말 겁니다."

나는 생각보다 더욱 강경한 선생님의 말씀에 내심 매우 놀랐다. 그리고 그렇게 느낀 건 비단 나뿐만이 아닌 듯했다.

"반대로, 진리는 미신과 달리 끊임없이 변화하며 시간이 지나면 지날수록 더욱더 굳건해져만 갈 겁니다. 우리 학자들은 바로 그런 진리의 진화를 최전선에서 이끄는 사람들이어야 하고요! 여태까지 쭉 그래 왔듯이, 앞으로도 우리 알렉산드리아 대학의 수업은 정치나 종교와는 무관하게 그저 진리만을 향할 것입니다! 제가 책임질 테니, 다들 흔들리지 말고 자신의 수업과 연구에 부디 최선을 다해 주세요."

잠깐 동안의 정적이 흐르고, 교수님들은 하나둘씩 앉았던 자리에서 일어나 박수를 치기 시작했다. 키릴로스의 지침에 찬성파였던 교수님들조차 격양된 얼굴로 일어나서 그 박수대열에 합류하였다.

우레와 같은 찬사 속에서 한 송이 진리의 꽃이 아름답게 피어 있었다.

유언비어

I.

‘누가 가져갔지?’

오늘부터 히파티아 선생님께서 쓰신 유클리드 원론의 주해본을 공부하고자 도서관으로 왔는데, 제4권부터 제6권까지가 비어 있다. 요즘 이 책을 수업하는 반도 없고, 과제 역시 이와는 연관돼서 나간 게 없을 텐데 누가 가져간 걸까? 세 권을 동시에 대여하여 외부로 갖고 나갈 수는 없으니, 아마도 지금 도서관에서 공부하고 있는 학생 중에 있을 텐데.

천천히 돌아다녀 보았다. 도서관에는 내가 담당하는 수업을 듣는 학생들도 많아서, 가는 곳마다 인사와 질문 세례를 받았다. 내 답에 깨달음을 얻고서 흡족해하는 학생들의 얼굴을 마주하는 건 아직도 조금은 쑥스럽지만 뿌듯한 일이다.

돌아다니다 보니 문득 도서관의 한쪽 구석에서 많은 책을 책상 위에 쌓아놓고 공부하는 사내의 뒷모습이 눈에 들어왔다. 내 직감이 원론을 가져간 사람도 아마 저 사람일 거라 말하고 있었다.

조용히 그의 뒤로 다가갔다. 어깨너머로 보니 그는 무언가를 열심히 적고 있었다. 그리고 아니나 다를까 그의 책상 왼편에는 내가 찾고 있었던 원론의 4, 5, 6권도 다른 책들과 함께 쌓여 있었다.

"저기요. 그렇게 한 번에 많은 책을 가져다 놓으면, 다른 사람들은 어떻게 공부하라는 거죠?"

내 목소리에 깜짝 놀란 그는 필기하던 손을 멈추더니 서서히 뒤를 돌아보았다. 그와 얼굴을 마주친 나도 깜짝 놀랐다. 이 사람은!

"당신은 그때 편지를 배달했던 사람?"

"앗!"

그는 당황했는지 자신이 필기하던 두루마리를 급히 말아 챙기고서 자리를 박차고 일어났다.

"죄송합니다! 그땐 정말 죄송했습니다!"

나는 황급히 자리를 피하려는 그를 재빨리 붙잡았다.

"저기요. 사과를 하려면 상대방을 보면서 진심을 담아서 제대로 해야 하지 않나요? 이렇게 도망치듯이 할 게 아니라!"

"아, 그, 그렇죠, 저기 그게."

나는 그의 팔을 잡아서 내 쪽으로 몸을 돌려세웠다. 그는 고개를 푹 숙인 채 몹시 안절부절못하였다.

"이름이 이아손이었죠? 저를 똑바로 보세요."

"죄송합니다! 앞으로 다시는 그러지 않을게요!"

그는 여전히 고개를 들지 않았다. 심성이 나쁜 사람 같아 보이지는 않는데 심하게 낯을 가리는 성격인가? 하지만 히파티아 선생님은 분명이자가 사교적이라고….

문득 내 눈에 그가 공부하고 있던 책들이 들어왔다. 유클리드의 원론뿐만 아니라, 아르키메데스의 포물선 구적법, 그리고 피타고라스학파의 여러 저서 등, 딱히 어떠한 공통분모로 추려지지 않는 서적들이 흩어져 있었다.

"혹시 어느 교수님의 수업을 듣는 거죠? 이 학교의 학생이 맞긴 한 거죠?"

"아, 아뇨."

"학생이 아니라면, 외부인이라는 얘긴가요?"

그는 대답 없이 푹 숙인 고개를 끄덕였다. 외부인이 이처럼 다방면의 수학 서적을 가져다 놓고서 독학을 하다니? 내 안에 강한 호기심이 생겨났다.

"지난번 일은 용서해 드릴게요. 대신 지금 열심히 필기 중인 저 내용을 제게 보여주실 수 있나요?"

"네!?"

"저기 공부하고 계시던 책들은 제가 부족하나마 지도해 드릴 수 있는 책들입니다. 또 당신이 원한다면 제가 가진 권한으로 이 학교의 학생으로 등록시켜 드릴 수도 있고요. 외부인이 이렇게 열성적으로 수학을 탐구하는 모습을 보니, 이 학교의 수학 조교로서 그냥 지나칠 수가 없어서요."

그는 여전히 자신의 두루마리를 움켜쥐고 어물쩍거렸다.

"필기 내용에 따라서 학비를 면제해 드리는 것 또한 가능합니다."

나는 슬쩍 그를 잡고 있던 손을 놓았다. 미침내 그는 조금씩 고개를 들었고 나와 눈을 마주했다.

그러고 보니 이 남자… 어딘지 모르게 낯이 익은 기분이 든다.

"… 혹시, 우리 예전에 만난 적이 있나요?"

내 말에 그는 금방 놀란 토끼처럼 두 눈이 커지더니, 미처 다시 붙잡을 새도 없이 도망쳐서 달아나 버렸다.

나는 그런 그의 뒷모습을 그저 황망히 바라볼 뿐이었다.

Ⅱ.

"그럼 이 공준을 대체할 수 있는 문장으로는 어떤 것이 있나요?"

"흠. 아직은 가설일 뿐이지만, 예를 들어서 '만나지 않는다'가 될 수도?"

히파티아 선생님의 방금 가르침은 그야말로 파격적인 내용이다. 유클리드의 원론과 공준에 대한 내 지식이 산산조각 되어 부서지는 정도로.

이야기의 전말은 이러하다. 우선 과거에 선생님은 원론의 주해본을 쓰실 당시에, 다섯 개의 공준 중에서 마지막인 5번 공준만은 다른 공준들에 비해서 정리들의 증명 과정에 등장하는 빈도수가 눈에 띄게 적다는 사실을 알아채고선 이를 의아해하셨다고 한다.

5번 공준이란 다음과 같다.

1개의 직선과 2개의 직선이 만날 때 서로 마주 보는 각의 합이 2직각보다 작은 쪽에서 두 직선이 만난다.

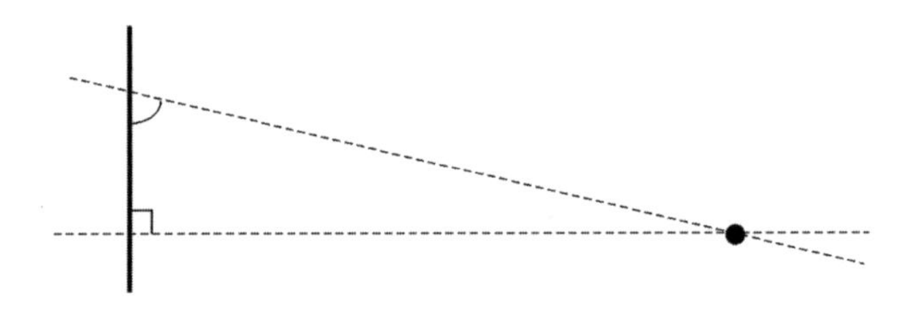

선생님은 이 5번 공준이 정리들의 근거로 인용되는 사례가 유달리 적다는 사실이 어쩌면 유클리드가 이 문장을 '자명한 사실'로서 받아들이기에 다소 꺼림칙했던 것은 아니었을까 하고 의심하셨다고 한다. 알고 보면 공준이 공준이 아니었을 수도 있다는 얘기다.

"그럼 선생님. 만약에 그 '2직각보다 작은 쪽에서 두 직선이 만나지 않는다'는 새로운 문장을 원론의 5번 공준 대신에 넣으면 문제가 생기지 않나요?"

"내가 검증해 본 5번 공준을 근거로 채택한 몇 가지 정리들에 대해서는 모순되는 점을 찾을 수 없었어. 물론 모든 정리를 다 검증해 보진 못했고."

"만약 그 가설이 참이라면 정말 대단한 일이네요. 원론의 공리계[1]가

1 어떤 한 형식체계에 관한 논의를 위해 전제로서 주어진 공리들의 집합.

바뀌거나 무너져버릴 수도 있다는 얘기잖아요?"

"후후, 사라야. 너는 원론에 적혀있는 공리들이 무슨 불변의 진리들이라고 생각하는 거야?"

"지난 몇백 년간 흔들리지 않았던 공리계인데…. 그렇지 않나요?"

"당연히 아니지. 수학에 절대적이란 건 없어. 그런 것이 있다고 믿는 순간, 그 사람의 수학은 더 이상 학문이 아닌 종교가 되는 거야."

연이은 선생님의 충격적인 말씀에 나는 할 말을 잃었다. 전부터 느껴왔던 거지만 선생님의 가르침은 그동안 갇혀 있던, 아니, 갇혀 있는 줄도 몰랐던 내 수학적 사고의 벽을 이리저리 허물어주는 듯하다.

"히파티아 선생님. 계십니까?"

누군가 연구실 문을 두드렸다. 선생님의 연구실에는 하루가 멀다고 방문객이 끊이지 않는다. 찾아오는 사람들 또한 매우 다양하다. 정치가, 거대 상인, 유망한 세력가들부터 떠돌이 연구자까지.

"나가 볼까요?"

"응. 목소리를 들으니 시네시오스가 왔나 본데?"

"시네시오스요?"

"후후. 가서 문 열어주렴."

나는 문으로 가 찾아온 이를 맞이하였다. 십자가가 수 놓인 화려한 복색에 수행원들을 대동해서 온 그는 한눈에 봐도 높은 신분의 종교인임을 알 수 있었다. 얼마 전에 키릴로스 대주교의 지침 사건도 있었던 터라 나도 모르게 바짝 긴장됐다.

"어서 오십시오."

"처음 뵙는 분이군요?"

"네. 저는 히파티아 선생님의 조교인 사라라고 합니다."

"아아! 그렇군요! 선생님께서 거두셨다는 그 수제자 맞으시죠? 하하하. 수고가 많으십니다. 저는 키레네[2]의 주교인 시네시오스라 합니다."

"주교님이셨군요. 만나 뵙게 되어 영광입니다. 선생님께서는 안에 계시니 들어가 보시지요."

"네. 그럼 잠시 실례."

뒤따라온 수행원들은 문밖에 선 채 들어오지 않았다. 나는 문을 닫고서 시네시오스 주교를 따라 안으로 들어갔다.

"히파티아 선생님! 저, 근처 지나가다 들렀습니다!"

"어서 와, 시네시오스. 못 본 새에 얼굴이 많이 좋아졌는데?"

"그러는 선생님께서도 여전히 아름다우시네요!"

보아하니 시네시오스도 히파티아 선생님의 제자 중 한 명이었던 모양이다.

그러고 보면 약간 오해할 뻔했지만, 히파티아 선생님은 그저 중립의 입장에서 학문의 발전을 이끌려고 하시는 것뿐, 딱히 기독교나 다른 종교들에 대해서 대립각을 세우지는 않으셨다. 정치 세력들에 대해서도 마찬가지고 말이다.

"그런데 선생님. 여기 오다가 광장에서 좀 이상한 이야기를 들었는

---

2 리비아에 있던 고대 그리스의 도시로, 이 지방에 있던 다섯 도시 중에서 최대 규모였다.

데요."

"이상한 이야기라니?"

"네. 그게"

시네시오스는 말하다 말고 나를 뒤돌아봤다.

"저 아이는 들어도 괜찮으니까 말해봐. 무슨 일인데 그래?"

"아아 그게, 히파티아 선생님께서… 마녀라는 소문이었습니다."

"뭐? 마녀? 내가? 아하하하!"

히파티아 선생님은 크게 웃음을 터뜨리셨다.

"선생님 그게 그렇게 마냥 웃을 일만은 아닌 것 같은 게, 한두 명이 떠드는 말이 아니라 광장 여기저기서 그와 비슷한 이야기들이 들려왔습니다! 아무리 봐도 누군가가 조직적으로 소문을 퍼뜨리는 듯한 느낌을 받았어요."

"그러니…?"

"당연히 저나 대부분 사람은 그딴 헛소리에 신경 쓰지 않을 테지만, 선생님을 잘 모르는 대중들 사이에 자칫 좋지 않은 여론이 번지지는 않을까 우려됩니다. 선생님께서도 이를 경계하고 계셔야 할 것 같고요."

"고마워. 기억해둘게."

히파티아 선생님이 마녀라는 헛소문이라니? 밖에서 대체 무슨 일이 벌어지고 있는 거지?

나는 두 분이 대화에 깊게 빠진 틈을 타서 연구실 밖으로 나왔다.

Ⅲ.

밖에 나와 보니 시네시오스 주교의 말처럼 광장 곳곳에서 사람들이 무리 지어서 떠들고 있었다. 최대한 자연스럽게 그들 중 한 무리로 합류하였는데, 대부분이 거지들로 이루어진 무리였다.

"말세일세. 말세야."

"내 말이! 얼른 주님의 은총이 내려와서 그 마녀를 내쫓아야 할 텐데!"

"돈 많고 권력 있어서 그리 유세를 떨면 뭐 해? 고작 마녀 하나에게 조종당하는 꼴이라니. 쯧쯧."

나는 옆에 앉아 있는 여인에게 다가가 무슨 일인지 물었다. 그녀가 내게 해준 말은 매우 극단적인 내용이었는데, 기독교가 이 세상에 퍼지는 것을 두려워한 악마가 자신의 하수인인 마녀를 이 세상에 보냈고, 그 마녀가 바로 히파티아 선생님이라는 거다. 악마로부터 권능을 받았기에 그토록 영리하고 아름다운 것이라는 기가 찬 설명은 덤이었다.

"대체 그런 이야기를 한 사람이 누군가요?"

"아까 다른 데로 가던데? 저야 그가 누군지는 모르죠."

나는 무리를 벗어나서 광장 건너편에 있는 또 다른 무리 안으로 끼여들었다. 마찬가지로 히파티아 선생님을 알 리 없을 듯한 빈민들 위주로 구성된 무리였다.

"이거, 드디어 나도 주님의 아들로서 해야 하는 일이 생기게 된 건가!"

힘깨나 쓸 것 같은 사내가 외쳤다.

"어쩌려고? 가서 그 마녀를 때려잡기라도 하게? 아서라. 마녀가 괜히 마녀인 줄 알아? 괜히 나섰다간 쪽도 못 쓰고 당할걸?"

백발이 성성한 노파의 말이다.

이리저리 오가는 대화들을 듣고 있자니, 이 무리에도 딱히 소문의 주동자로 보이는 이는 없는 듯했다.

속이 타들어 간다. 대체 누가 이런 위험한 헛소문을 퍼뜨리고 다니는 거지? 자칫 이런 분위기 속에서 선생님이 밖에 나오시기라도 했다간 끔찍한 일이 벌어지고 말 거다.

이후에도 나는 광장의 무리를 여기저기 들쑤시며 다녔지만, 그저 뜬소문만이 무성할 뿐 소문의 주동자나 근원지는 유추할 수 없었다.

그러다 문득, 내 오른쪽 곁 시야에서 아까부터 누군가가 나를 계속 지켜보고 있는 듯한 낌새가 느껴졌다. 건물 그늘에서 의복까지 뒤집어 쓰고 있어서 누구인지 식별되지는 않지만, 충분히 수상한 기운을 뿜어내는 자였다.

그때부터 나는 무리에서 오가는 이야기를 듣는 와중에도 그 수상한 자에게서 신경을 놓지 않았다. 아니나 다를까 오랜 시간이 지나도 그는 그 자리에서 꿈쩍도 하지 않고 서서 계속 내 행동만을 주시하고만 있었다. 딱히 다른 누군가와 교류도 하지 않는 걸로 보아 아마도 단독으로 행동하는 모양이었다.

잡아야 한다.

나는 일부러 그가 눈치채지 못하도록 여태껏 해온 대로 자연스럽게 무리 사이를 옮겨 다니는 척하며, 그가 있는 방향으로 조금씩 조금씩 다가갔다. 그리고 마침내 그와 충분히 가까운 거리에 이르렀다는 판단이 드는 순간, 자리를 박차고서 곧장 그를 향해 돌진하였다.

그는 갑작스러운 내 행동에 놀랐는지 헐레벌떡 뒤돌아서 도망치기 시작했다. 그런 그의 모습을 보고서 내 의심은 확신으로 바뀌었다. 무슨 일이 있어도 저자를 사로잡아서 이 어처구니없는 소문의 근원을 캐내고 말리라.

그렇게 한참을 추격하다 보니 조금씩 둘 사이의 거리가 가까워지기 시작했다. 지난 삶에서 오랜 기간 무예를 단련한 덕분인지, 반드시 잡아야 한다는 사명감 때문인지, 내 두 다리의 힘은 쉽사리 떨어지지 않고 굳건히 힘을 내주었다.

드디어 그와 서너 걸음 차이로 간격이 가까워진 순간, 나는 온 힘을 다해 몸을 날려서 그를 덮쳤다. 그는 그대로 앞으로 고꾸라지며 넘어졌고, 나는 바닥에 몸을 두어 바퀴 구른 후 자세를 바로잡고 곧장 일어났다.

세게 넘어진 충격으로 고통스러워하는 그에게 걸어가 물었다.

"누구십니까? 당신은 누구기에 아까부터 나를 감시하고 있던 거죠?"

그는 황급히 자신의 겉옷을 머리 위로 뒤집어썼다. 나는 그런 그의 행동을 저지하고 그의 옷을 헤쳐서 얼굴을 확인하였다.

이아손이었다.

"아마도 당신은 그저 외부인이 아닌, 누군가 일부러 학교로 보낸 자인 것 같군요. 누구죠? 당신을 보낸 사람이?"

그는 양손에 쥐고 있던 겉옷을 이번엔 갑자기 내 얼굴을 향해 던졌다.

"어딜!"

나는 잽싸게 옷을 쳐냈다. 그는 또다시 달아나고 있었다. 하지만 이번엔 놓치지 않을 것이다.

하지만 그 순간, 갑작스럽게 내 두 귀로 섬찟한 기운이 스쳤다.

"앗!"

하필이면 이때 그 증상이라니! 나는 몇 걸음 떼지 못한 채 이번에도 그를 놓치고 말았다.

Ⅳ.

"이아손이?"

"네. 아쉽게도 놓쳐서 그의 자백을 받아내진 못했지만, 충분히 의심이 들어요."

"사라야. 난 네가 그저 학구파인 줄만 알았는데, 알고 보니 운동 신경도 뛰어난가 보구나? 대단해. 하지만 그렇다고 해도 앞으로는 그런 무모한 짓은 하지 마. 그러다가 큰 위험에 빠지기라도 하면 어쩌려고 그러니?"

"네, 선생님. 하지만 그보다도, 제가 직접 광장에 나가서 소문을 확인해 보니까 확실히 시네시오스 주교의 말처럼 가볍게 여길 상황은 아닌 듯했어요. 얼른 이아손을 잡아들여서 소문의 주동자를 찾아내지 않으면.”

“키릴로스겠지.”

“네?”

“키릴로스 본인이 아니라면… 뭐, 그의 측근이라든지? 그야 당연한 거 아니겠니. 후후.”

… 나 역시 키릴로스를 의심하고는 있었지만.

“하지만 그건 그저 정황적인 추측일 뿐, 그 추측을 뒷받침할 만한 결정적인 증거 한둘쯤은 확보해야 하잖아요.”

“확보하면?”

“대주교를 압박해야죠! 선생님에 대한 오명도 씻으셔야 하고요.”

“키릴로스를 압박한다고? 그거야말로 그자가 원하는 바일 텐데?”

나는 영문을 몰라 두 눈만 깜박였다. 이내 선생님께서는 작게 한숨을 내쉬며 말을 이어가셨다.

“사라. 나는 네가 이런 외부 정세에 신경 쓰지 않기를 바랐지만 어쩔 수가 없네. 간단하게 말하자면, 지금 광장에 나돈다는 나에 대한 괴소문은 키릴로스 그자의 정치적인 계략일 거야.”

“정치적 계략이요?”

“대주교 키릴로스. 그는 야망에 불타는 자거든. 단순히 종교 영역뿐만 아니라 자신의 권위를 제국과 도시의 행정 영역에까지 확대하고 싶어 하지. 취임했을 때부터 노골적으로 그 의지를 드러냈고.”

“…”

“현재 그런 그의 야망을 실천하는 데 가장 걸림돌이 되는 건 오레스테스 총독이야. 오레스테스 역시 기독교인이기 때문에 예전처럼 ‘이교도에 대한 엄벌’과 같은 명분으로는 그를 공격할 수 없거든.”

“그 말씀은… 설마 과거에 있었던 몇 번의 참사도, 제 부모님께서 돌아가셨던 그 사건이나 도서관이 공격받아 상당수의 장서가 소실됐던 그 사건도 모두 키릴로스, 그자의 만행이었다는 건가요?”

선생님께서는 말없이 고개를 끄덕이셨다. 나는 속에서 작은 불씨가 타오르는 듯한 느낌을 받았다.

“키릴로스가 오레스테스를 어쩌지 못하는 또 하나의 큰 이유는 바로 나야. 정확하게는 내 지지 기반을 두려워하는 것이지. 내 제자들은 현재 제국뿐만 아니라 각 교회에서도 고위직을 담당하고 있으니까. 그런 내가 오레스테스 총독과 돈독한 친분을 유지하고 있는 한, 키릴로스도 함부로 그 야망을 펼칠 수가 없는 거야.”

“그렇다면 차라리 이참에 총독과 힘을 합치셔서 키릴로스를 몰아내는 건 안 되나요?”

“후후. 대주교를 몰아낸다는 건 그리 간단한 일이 아니란다. 그리고 이번 소문의 파괴력은 생각보다 커. 내가 그에게 당한 거지.”

“하지만 그건 종교계에 계신 선생님의 제자 분들만 나서서 해명해도 되지 않나요?”

선생님은 고개를 가로저으셨다.

“내 지지 기반은 대부분 부유층이야. 반면에 대부분 빈민들은 나를 알지 못하지. 대주교는 교활하게도 바로 그 점을 파고든 거야. 민심을 잃은 권력자에게는 아무 힘도 없거든. 내 제자들 역시 함부로 움직일 수 없는 이유야. 자칫 잘못했다간 도리어 폭도들에게 '마녀의 추종자'라 몰릴 테니까."

"그러면 선생님, 이제 어떡해야 하죠?"

"소문이 가라앉기를 기다려야지. 그때까진 나도 행동을 조심해야 하고. 아무리 자극적인 내용이라도 실체가 없는 소문이란 결국 시간이 지나면 먼지가 되어 흩어지기 마련이니까."

V.

히파티아 선생님의 조교로서, 그리고 아직도 조금은 부끄럽지만 선생님의 수제자로서 연구실에서 지낸 지 몇 달이 지났다.

그동안 참 많은 일이 있었다. 그중에 가장 큰 일을 꼽자면 아무래도 히파티아 선생님이 교단에서 은퇴하신 것이겠다. 몇 개월 전에 광장에서부터 퍼진 소문으로 인해 선생님은 나에게 점차 수업을 넘기셨고, 본인은 그저 한 사람의 수학자로서 연구에 집중하는 길을 택하셨다.

덕분에 나는 그동안 그야말로 눈코 뜰 새 없이 바쁜 나날을 보냈다. 히파티아 선생님의 강의를 부족함 없이 메꾸기 위해서 매일 아침 그 누구보다도 일찍 일어나 수업을 준비했고, 일과가 끝나면 그 누구보다도 늦게까지 선생님으로부터 개인 교습을 받으며 자습을 병행했다. 지금

이 순간에도 나는 언제나처럼 연구실의 내 자리에서 내일 있을 수업을 준비 중이다.

일선에서 물러난 선생님은 곧바로 새로운 책의 집필에 돌입하셨다. 어떤 책을 쓰시는지 여쭈어보니, 그동안 외부의 간섭으로 인해 마음껏 펼쳐내지 못한 선생님의 독창적인 이론을 총망라하는 걸 목표로 한다고 답하셨다. 나는 머지않아 완성될 그 책이 유클리드의 원론이나 유휘의 구장산술에 비견할 책이라는 것을 믿어 의심치 않는다. 그만큼 히파티아 선생님께서 그동안 나에게 보여주신 수학의 세계는 혁신적이리만큼 자유로울 뿐 아니라 몹시 체계적이면서 동시에 깊기까지 했다.

다행인 건, 근래 들어서 선생님에 대한 헛소문이 과거에 선생님이 하셨던 예상대로 점차 수그러들고 있다는 점이다. 광장의 사람들은 더 이상 선생님을 모욕하는 데에 흥미를 갖지 않았고, 오히려 그동안 선생님이 해오셨던 여러 선행이 재조명받는 분위기로 반전되는 중이었다. 이 때문에 학교의 교수님들은 머지않아 히파티아 선생님이 일선으로 다시 복귀하실 수 있을 거란 희망을 내비치고 있었고, 나 또한 그에 대해 어느 정도 동의하는 입장이다.

"오늘도 늦게까지 하는 거니?"

"아, 네."

어느새 히파티아 선생님께서 내 곁으로 와 계셨다.

"이젠 제법 익숙해져서 예전보단 준비가 금방 끝날 텐데?"

"아니에요, 선생님. 오히려 하면 할수록 더욱더 제 부족함만 깨닫게 될 뿐이에요."

"후후. 겸손하기는."

"진짜예요 선생님. 아직도 선생님의 강의를 대체하기에는 제 능력도 시간도 턱없이 모자란걸요."

"흠. 그건 반대로 너의 지식이 그만큼 넓어졌다는 증거이기도 하지."

"네?"

선생님께서는 내 옆에 있는 모래판에 작은 원 하나를 그리셨다. 나는 영문을 몰라 가만히 선생님의 다음 말씀을 기다렸다.

"사라야. 이 원 안에 사는 사람은 자신이 모르는 세상이 고작 이 원둘레 길이 만큼에 해당할 거라 믿는단다. 자기 눈에 보이는 세상 끝이 그러하거든. 그래서 자신이 이룬 이 작은 세상에 대해 자아도취에 빠지기 십상이지. 하지만…."

선생님은 이번엔 작은 원 옆에 커다란 원을 그리셨다.

"이 큰 원 안에 사는 사람은 저 작은 원 안에 사는 사람보다 자신의 무지를 크게 느낀단다. 자기 눈에 보이는 세상 끝인 이 원둘레 길이가 저 작은 원보다 훨씬 더 크거든. 역설적이게도 자신이 일궈낸 세계가 커지면 커질수록 마주하게 되는 미지의 영역 또한 더욱 크게 다가오는 거야."

나는 가만히 선생님의 말씀을 경청했다.

"하지만 명심해야 할 것은 이 큰 원에 사는 사람이 일궈낸 세상은 분명히 저 작은 원보다 몇 곱절은 더 크다는 사실이지. 사라, 너도 마찬가지야. 내가 보기에 넌 이미 몇 개월 전의 너와는 전혀 다른 사람이 됐다 싶을 만큼 많이 성장했어. 충분히 자신감을 가져도 좋아."

"… 하지만 그건 모두 선생님 덕분인걸요. 이래서야 언제쯤 선생님과 같은 수학자가 될 수 있을지는 여전히 막막하기만 하고요."

"내 덕분이라니? 난 그저 네게 세상 밖을 보여준 것일 뿐, 그 밖을 보고서 세상을 넓힐 수 있었던 건 온전하게 너의 노력 덕분이야. 그리고 나 같은 수학자라니? 후후. 사라야. 넌 당연히 나보다 훨씬 더 훌륭한 수학자가 될 거야."

"그건 말도 안 돼요. 선생님."

"꿈을 크게 가지렴. 만에 하나 불의의 사고로 인해 깨진다고 하더라도 그 조각이 다른 그 무엇보다 크도록 말이야. 너는 그래도 돼. 그럴 자격 충분한 거, 나는 알아."

선생님께서는 인자한 미소를 지으며 살포시 내 머리를 쓰다듬어 주셨다. 정말이지 포근하고 따뜻한, 마치 이따금씩 꿈에 그리던 '진짜 엄마'가 내게 해주는 듯한 그런 손길이었다.

의문의 남자

I.

'분명해. 이아손. 그자가 다녀간 거야.'

오늘도 도서관 책장의 몇몇 수학 서적들이 조금씩 움직여져 있다. 그동안 도서관에서 공부하는 많은 학생을 봤지만, 대부분은 자신의 수업이나 과제에 관련된 책 몇 권만을 꺼내서 볼 뿐이지 이처럼 다방면에 걸쳐서 공부하진 않는다. 몇 개월 전에 보았던 이아손, 그자를 제외하고는 말이다.

그는 그날 이후로 좀처럼 내 눈에 보이지 않았다. 하지만 내가 학교에서 수업하는 아침과 낮 동안에는 이처럼 종종 도서관을 다녀간 흔적을 남겨 놓곤 했다. 의도적으로 계속 나를 피하는 눈치인데, 어째서인지는 알 수 없다. 만약 떳떳하다면 이처럼 숨어서 공부할 필요가 없을 테고, 떳떳하지 않다면 또 이처럼 위험을 무릅쓰고서 도서관까지 오지도 않을 테니.

그리고 애초에 그가 키릴로스가 보낸 첩자면 이처럼 꾸준하게, 그리고 열심히 수학을 공부하는 그 의도도 궁금하다. 그가 공부의 흔적을 남기고 간 서적들을 보아 추측건대, 그는 결코 수학을 가볍게 공부하지도 않는다. 오히려 그야말로 자발적인 호기심에 이끌려 공부하는 '수학자'적인 면모를 보여준다. 내가 그렇게 판단하는 이유는 누구보다도 나 자신이 그와 같은 방식으로 공부하고 있기 때문이다.

α라는 주제에 관해 공부하다 보면, 그 과정에서 β, γ라는 연관 주제가 또 궁금해진다. 그래서 β, γ에 대해 공부를 하다 보면 δ, ϵ, θ라는 연관된 주제들이 꼬리를 물고 나타난다. 이렇게 자연스럽게 발현되는 호기심을 따라서 공부하다 보면 어느새 이아손처럼 여러 분야에 걸친 다양한 수학 서적들이 책상 위에 망라되곤 한다.

히파티아 선생님께서는 이아손을 향한 의심을 거두라 하셨지만(내가 부재중일 때, 이아손은 연구실로 편지도 몇 번 더 배달하고 갔다고 한다), 이제는 그야말로 그에 대해 순수하게 궁금한 마음이다. 대체 그의 정체는 무엇일까? 그리고 그는 왜 진지하게 수학을 공부하는 것일까? 계속해서 나를 피하는 이유는 무엇일까?

마침 모레부터는 학교의 시험 기간이니, 조만간 날을 잡고 도서관에서 그를 기다려 봐야겠다.

II.

도서관에 잠복한 지 3일째다. 내일부터는 다시 정상 수업이 시작되기 때문에 오늘은 그가 꼭 나타나면 좋겠는데.

구석에 앉아서 공부하는 와중에도 나는 힐끗힐끗 계속 입구 쪽을 살폈다. 그리고 마침내, 이아손으로 의심되는 자가 도서관 입구로 들어서는 게 보였다. 겉옷으로 얼굴을 가리고 있었지만, 풍기는 분위기나 행동거지가 이아손이 확실했다.

나는 책상 아래로 몸을 숨기고서 조용히 그의 행동을 살폈다. 그는 챙겨온 두루마리를 한 번 펼쳐보더니 도서관을 이리저리 헤집고 다니며 책들을 주워 담았다. 그렇게 품 한가득 책을 쓸어 담은 그는 별다른 행동 없이 그대로 도서관 구석의 빈자리로 가서 챙긴 책들을 쏟아내고서 공부를 시작했다.

행동만 보면 영락없는 학자의 모습이다. 도서관에 있는 그 누구와도 교류하지 않는 그의 뒷모습이 한편으로는 쓸쓸해 보이기도 한다. '고독한 수학자' 외에 그를 대표하는 다른 수식어가 떠오르지 않았다.

조심히 그의 뒤로 다가갔다. 한창 필기 삼매경에 빠진 그는 내가 다가가는 것도 눈치채지 못했다. 그렇게 나는 그의 바로 옆자리까지 착석하는 데 성공했다.

"헉!"

내 기척에 놀란 그는 내 얼굴을 보고서는 더욱 놀랐다. 역시, 이아손이 맞았다.

"이제야 다시 보네요. 이아손."

그는 입을 다물지 못한 채 한껏 커진 눈으로 날 응시했다.

"저번처럼 도망가진 못할 겁니다. 이번 기회를 놓치지 않기 위해서 단단히 준비했으니까요."

그는 그대로 굳은 채 아무런 대답도, 아무런 행동도 하지 않았다. 나는 그가 필기하던 내용을 곁눈질로 쓱 살펴보았다. 수학 내용임은 분명한데 이상하게 기호들이 조금 낯설었다.

"계속 독학만 했나 보군요? 기호가 흔히 쓰는 방식과는 달라 보이는데."

그제야 그는 내 얼굴에 고정하고 있던 시선을 급히 거두더니, 자신이 쓰고 있던 두루마리를 주섬주섬 챙겼다.

"당신을 어쩔 생각은 없습니다. 그저 개인적인 호기심으로 찾아온 것이니, 경계를 풀고서 저와 대화를 해주실 수 있으신지요?"

"저는…"

"?"

"저는 사라 님과 얘기를… 할 수 없습니다. 그래서는 안 되고요."

이자, 내 이름을 기억하고 있구나. 딱 한 번 통성명했는데 기억력이 꽤 좋은 모양이다.

"그게 무슨 말이죠? 저와 얘기를 해선 안 된다니요? 왜요?"

그는 그대로 입을 꾹 닫아 버렸다.

"후우…. 알겠습니다. 당최 무슨 이유인지는 모르겠지만 당신이 저를 피한다는 것만은 확실히 알겠네요."

"…"

"그럼 딱 하나만 물어볼게요. 이에 대한 답만 제대로 해주신다면 이 불편한 자리를 피해드리도록 하죠."

"…"

"얼핏 보아도 수학을 가볍게 공부하시는 것 같지 않아 보이는데, 그렇게 저를 피하면서도 이처럼 몰래 도서관에까지 와서 수학을 공부하는 이유가 대체 뭐죠?"

그는 여전히 목석처럼 아무런 대답도, 아무런 행동도 하지 않고서 가만히 고개를 숙인 채 앉아만 있었다.

"대답하시기 전까진 저 역시 여기서 한 발자국도 움직이지 않을 겁니다."

"… 제가."

마침내 그는 굳게 다문 그 입을 열었다.

"제가 수학을 공부하는 이유를 어떻게 단언할 수 있겠습니까? 저에게 수학은 즐거움이자 도피처이며, 망각제이자 매개체입니다."

별안간 그는 고개를 돌려 나를 쳐다보았다.

"슬프게도, 하지만 감사하게도 저 없는 삶을 잘 살아가고 있는 그녀를… 조용히 그리고 소중히 간직하는 제 나름의 발버둥이기도 하고요."

그는 그렇게 알 수 없는 말들을 던지더니, 챙겨왔던 두루마리를 집어 들고서 힘없이 일어났다. 그리고 그대로 터덜터덜 도서관 밖으로 나가 버렸다.

나는 그런 그를 차마 다시 붙잡을 수 없었다. 그가 눈물을 흘리고 있었기 때문이다.

Ⅲ.

"사라야. 요즘 무슨 고민 있어?"

"네?"

내일 수업을 준비 중이던, 아니, 사실은 멍하니 앉아 있던 내게 히파티아 선생님이 말을 걸어왔다.

"요 며칠 종종 다른 생각에 빠져있는 듯한 모습이 보이던데. 뭐야? 나한테도 말해줘 봐."

"아니에요. 선생님."

"후후. 혹시 뭐 요즘 좋아하는 남학생이라도 생겼니?"

"네!?"

나는 금방 얼굴이 화끈 달아올랐다.

"어머? 진짜가 보네? 누군데 그래?"

"그런 거 아니에요. 정말이요!"

"그럼 무슨 고민인데?"

선생님께선 내 맞은편 자리에 앉아 책상 위에 양팔을 포개어 턱을 괴고는 재미있다는 표정으로 날 올려다보셨다.

"모르겠어요. 이게 무슨 기분인지."

"으흠?"

"어떤 사람이 절 보던 눈빛이… 무척이나 슬프고 쓸쓸해 보였어요. 그런데 그런 그를 보는 제 마음도 어째서인지 덩달아 무너질 것같이 아팠고요."

"…"

"그래서 이따금 자꾸 생각나요. 그리고 그 사람이 생각날 때마다 희한하게도 제 마음이 너무 힘들어요. 뭔가를 잊어먹은 것같이 마음이 불안해지고요. 대체 제가 왜 이러는 걸까요?"

"뭐야. 좋아하는 거 맞네."

"아니라니까요. 그런 감정은."

나는 한사코 손을 저었다.

"꼭 설레고 두근거려야만 좋아하는 감정인 건 아니지. 오히려 그건 얕은 감정일 수 있어. 지금의 너처럼 은연중에 끌리다 점점 더 깊숙이 마음에 와서 박힌 사람이 더 운명적인 인연일 수도…."

선생님께서는 뭐가 그리 좋으신 건지 얼굴 가득히 미소를 지으셨다.

"하지만, 사라. 난 네가 그런 가슴 아픈 사랑은 하지 않길 바라. 예쁘고 행복한 연애만 하기도 아까울 나이니까. 그런 점에서 일단 그 애는 불합격. 궁상맞게 여자 앞에서 슬픈 눈빛이라니, 보나 마나 네가 아까울 것 같네."

"…"

"따뜻한 포도주 한잔 마실래?"

"아, 네…."

선생님께서는 일어나 방 한쪽에 암포라[1]들이 놓여있는 곳으로 걸어가셨다. 화롯불에 데우고 있던 물에 차분히 포도주를 희석하는 선생님의 모습을 가만히 보고 있자니 문득 궁금한 게 생겼다.

"그러고 보니 선생님께서는 왜 혼자 지내시는 거예요? 남자 교수님들한테 인기도 많으시잖아요?"

"나? 나는 진리랑 결혼했으니까."

히파티아 선생님은 다시 내 쪽으로 걸어와 따듯한 포도주가 담긴 잔을 내미셨다. 나는 두 손으로 공손히 잔을 받았다. 은은하고 향기로운 포도 내음이 코끝을 간질였다. 선생님도 본인의 잔에 따라온 포도주를 한 모금 들이키시더니, 살짝 한숨 비슷한 웃음소리를 내며 말씀하셨다.

"내가 왜 너보고 그런 사랑을 하지 말라 하겠니? 가슴 아픈 사랑에 빠졌다가는 나처럼 되는 거야. 황홀한 순간은 잠시였을 뿐. 이후로는 돌아갈 수도 없는 그때를 지겹도록 회상하며 어느덧 내가 슬픈 건지 행복한 건지도 모른 채, 그리움 속에서 살아가게 되지."

선생님께선 잔을 비우시고서 고개를 돌려 날 바라보셨다.

"너는 참 보면 볼수록 소름 끼치도록 예전의 날 보는 것 같아. 그래서 나는 네가 더욱, 적어도 나보다는 훨씬 더 행복한 삶을 살기를 바라는 마음이야."

선생님의 따뜻한 미소에 나는 수줍은 미소를 지었다.

---

1 고대 그리스에서 쓰이던 특이한 형태의 용기로, 주로 포도주를 저장하고 운반하는 데 쓰였다.

IV.

'여긴 어디지?'

내 또래의 아이들이 시끄럽게 떠들고 있다. 다들 입고 있는 옷가지나 꾸밈새가 제각기 현란한데, 나 역시 아이들과 비슷한 인상착의를 하고 있다.

'…꿈이구나.'

낯설고 신기한 광경에 주위를 둘러보았다. 우선 내가 있는 공간의 앞쪽 벽에는 커다란 녹색 배경을 한 틀이 눈에 띈다. 그 안에는 형형색색의 글씨들도 군데군데 적혀 있었다. 내가 앉은 의자와 책상은 몹시 깔끔한 형태인데, 다른 아이들도 나와 모두 똑같은 형태의 의자에 앉아 있다.

그러고 보니 분명히 낯선 풍경인데 왠지 어색하지는 않은 느낌이다. 이내 어렴풋이 깨달을 수 있었다. 이것은 내가 서연이었던 시절에 대한 꿈이라는 걸.

"아직 수업 시작 안 했지?"

한 남자아이가 방 앞에 열려 있는 문으로 헐레벌떡 들어온다. 수업이라고 하는 걸 보니 여긴 교실인가? 그렇구나. 여기는 내가 서연이었던 시절에 다녔던 학원 교실이구나. 여기 있는 아이들도, 나도 모두 같은 수업을 듣는 학생들이고.

숨을 헐떡이는 남학생은 자신이 앉을 자리를 찾는 눈치인데, 주위를 둘러보니 이 교실에서 빈자리는 내 바로 앞자리뿐이었다. 하지만 어째서인지 그는 쭈뼛거리며 오지 않고 있었고, 그의 친구들로 보이는 이들은 뭐가 그리들 좋은지 낄낄거리며 웃어댄다.

결국 그는 비척거리며 내 앞으로 와서 앉았다. 앉는 순간 나와 눈이 마주쳤고, 그는 움찔거리며 나에게 눈인사를 건넸다. 나 역시 그의 눈인사에 움찔하며 인사를 건넸다. 짖궂은 표정으로 이쪽을 보고 있던 그의 친구들은 그 모습을 보더니 "오올"이라며 큰소리를 냈다.

이 광경은 단순한 꿈이 아닌 걸까. 어째선지 내 가슴이 두근두근 뛰기 시작한다. 내 앞에 앉은 남자의 얼굴, 분명히 낯이 익은데… 체격도, 분위기도. 모두 내가 원래부터 알고 있던 사람인 것처럼.

내 앞에 앉은 그의 뒷모습을 보는 내 가슴이 점점 크게 뛰다 어느새 밖에까지 들릴 정도로 쿵쾅거렸다. 어디서지? 이 남자. 도대체 어디서 봤었지?

아… 혹시… 이아손!?

화들짝 놀라 잠에서 깨어났다. 그 이후로 나는 밤새도록 잠들지 못했다.

V.

내가 모르는, 특별히 밉보일 행동이라도 했던 걸까. 아니면 그가 그저 무심한 사람인 걸까. 이번에도 이아손은 내가 써놓은 쪽지들을 가져가기만 하고 답장 하나 적어두지 않았다.

지난주부터 나는 그가 공부하는 수학 서적들에 몰래 쪽지를 넣어 놓고 있다. 그가 보는 책들은 학교의 수업들과는 흐름을 달리하기 때문에, 그가 아니고서야 이렇게 산발적으로 여러 책에 끼워 놓은 쪽지를 한 번에 모두 가져갈 사람은 없다.

내가 쪽지에 쓴 내용은 특별한 내용은 아니다. 하지만 내가 해당 책을 공부했을 당시에 막혔던 부분에 대해 나름대로 깊이 있는 조언을 적어놓기도 했고, 나라는 사실을 직접적으로 밝히지는 않았지만 내 이름의 머리글자인 Σ[2]를 쪽지의 말미마다 적어 놓았기 때문에, 그라면 충분히 쪽지를 쓴 사람이 나라는 걸 눈치챘을 것이다.

하지만 한결같이 무응답인 그에게 이제 조금 야속한 마음마저 든다. 그가 키릴로스의 첩자였든지 아니든지 그런 건 이제 더 이상 내게 아무런 의미조차 없는데. 만약 그것 때문이라면 더 이상 이렇게 나를 피하지 않아도 되는데.

기대를 버리고 마지막으로 쪽지를 넣었던 유클리드의 원론 제13권을 펼쳤다. 그리고 나는 숨이 멎는 기분을 느꼈다. 내가 넣어뒀던 쪽지와는 또 다른 쪽지가 원론 안에 끼워져 있었다.

나는 재빨리 그 쪽지를 옷 속에 숨기고, 서둘러 책을 다시 제자리에 꽂아놓고서 잰걸음으로 도서관을 빠져나왔다.

두근거리는 심장 소리에 현기증마저 느껴졌다. 골목길로 들어온 나

---

2 그리스 문자로, 대문자 S에 해당한다. '시그마'라 읽으며 소문자는 σ이다.

는 주위에 아무도 없다는 것을 확인한 후, 심호흡을 몇 차례 하고서 떨리는 마음으로 천천히 그 쪽지를 펼쳐보았다.

안녕하세요 Σ 님.

오랜 고민 끝에 펜을 듭니다. 저의 답을 보지 못하신다면 앞으로도 계속 헛수고를 하실 것만 같아서요.

이후로는 저를 신경 쓰지 말아 주셨으면 합니다. 저는 아무것도 아닌 존재입니다. 더는 제가 알렉산드리아 도서관에 출입하는 일도, 혹시라도 Σ 님의 또 다른 쪽지를 봐도 답을 드리는 일도 없을 겁니다.

– Ι[3]가.

3 그리스 문자로, 대문자 I에 해당한다. '이오타'라 읽으며 소문자는 ι이다.

사라진 진리의 빛

I.

"사라야. 요즘 많이 바쁘니?"

오늘 있을 수업 준비를 한창 마무리 중인 내게 히파티아 선생님이 말을 걸어오셨다.

"아니요."

"그래? 그럼 오늘 저녁부터는 내가 새로 쓴 책의 검토를 좀 부탁해도 될까?"

"설마! 책을 다 쓰신 건가요?!"

"응. 초안은 다 썼고, 이제부터는 꼼꼼히 검토하면서 수정 작업에 들어가야지."

예상했던 것보다 빨리 완성하셨다. 이대로라면 정말 다음 학기쯤에는 선생님이 다시 교단에 복귀하실 수도 있을 것 같다.

"축하드려요, 선생님! 정말 궁금했는데 이제 그 내용을 볼 수 있겠네요!"

“너는 단순히 보는 사람이어선 안 되지. 아주 냉정한 시각을 갖고서 한 줄 한 줄 곱씹어줘야 해. 좋은 생각 떠오르는 게 있으면 바로 알려주고 말이야.”

“최선을 다해 볼게요. 그러면 혹시… 지금 당장 조금이라도 보여주실 수 있을까요?”

“너 지금은 곧장 수업하러 가야 하지 않아?”

“조금만요. 목차만이라도 보고 싶어요!”

“그래? 후후, 알았어. 따라와.”

무슨 내용이 쓰여 있을까? 무려 히파티아 선생님의 새 수학 저서를 내가 가장 먼저 보게 되다니! 설렘을 안고서 선생님을 따라 들어갔다.

“어디 보자. 목차는…. 그래. 이 부분을 보면 되겠네.”

책상 위에 산처럼 쌓여 있는 두루마리에서 선생님은 하나를 꺼내어 내게 주셨다. 나는 두 손으로 받아 빠른 속도로 글을 읽어 내려갔다.

유클리드 원론에 수록된 공준의 재해석 / 새로운 공준의 제시 / 새 공준 체계의 새로운 정리들 / 디오판토스의 대수 / 대수의 확장 / 확장 세계의 새로운 정리들 / 히파티아 원뿔곡선론 / 프톨레마이오스 천체의 오류 / 아리스타르코스 천체의 오류 / 천체의 새로운 가설 / …

읽는 동안 몇 번이나 감탄이 나왔다.

“원론의 공준을 대체할 새 명제를 마침내 만들어내신 건가요?!”

“응. 여러 가지로. 너도 보면 아마 재밌을걸?”

"대수의 확장은 무슨 내용이고요?"

"흠. 요약하자면 수를 다루는 체계를 만들어본 거야. 마치 유클리드가 앞서 기하학 체계를 만들었듯이."

"원뿔곡선론은요?"

"파푸스의 가설로 시작해서 원뿔곡선을 다루는 새롭고 엄밀한 이론을 적어봤어. 물론 예전에 네게 알려줬던 내용도 들어갔고."

입이 다물어지지 않는다. 비록 목차만을 보았을 뿐이지만 이 책은 정말로 내 기대치를 한참 넘고도 남는, 완성본이 된다면 그야말로 이 시대 최고의 수학 서적으로 꼽히기에 손색없을 명저가 될 것이 분명하다.

"선생님! 제가 선생님의 제자라는 게 너무 자랑스러워요!"

"얘가 갑자기 새삼스레? 후후, 각오 단단히 해. 이 책을 공개하면 아마 학교 전체가 발칵 뒤집힐 테니까, 사소한 오탈자 하나도 없도록 아주 엄밀하게 검토해야 해. 물론 사라, 난 너의 능력을 믿지만."

"열심히 도울게요! 저는 내심 선생님께서 대주교를 의식해서 소극적인 책을 쓰시지 않을까 걱정했는데. 이 책은 정말 감동 그 자체네요!"

"이제 뭐 키릴로스의 눈치 따위 신경 쓸 필요 없으니까. 어차피 나는 일선에서 물러난 몸이잖아? 대신에 이 책으로 다른 교수들의 마음에 진리의 불씨나 한번 세게 지펴보려는 거지."

"… 책이 완성되면 복귀하시지 않고요?"

"굳이? 이미 너처럼 훌륭한 선생이 있는데? 나는 가끔 조언이나 해주고, 혹시라도 다른 교수들이 널 얕잡아보지 못하게 방패 역할이나 돼줄까 하는데?"

"하지만…"

"후후. 내가 이 책을 쓸 수 있었던 건 사라, 네 공이 커."

"네? 제가요?"

"내 수업을 맡아준 덕분에 시간도 넉넉할 수 있었고. 뭣보다도 넌 늘 내 예전 모습을 돌아보도록 해주었으니까."

선생님께서는 내 어깨에 손을 살포시 올리며 미소 지으셨다.

"참, 너 이제 진짜로 빨리 뛰어가 봐야 하는 거 아냐? 수업에 늦을 거 같은데?"

아차 싶어 시계를 확인해 보니 정말로 수업 시작 시각이 얼마 남지 않았다.

"이런, 벌써 시간이. 선생님! 그럼 저 수업 다녀올게요. 오늘 저녁이 정말 기대되네요."

"그래. 수고하렴."

나는 고개 숙여 인사드린 후 서둘러서 수업자료를 챙겨 나왔다. 선생님께서는 그런 날 손을 흔들며 배웅해주셨다.

그것이 선생님과의 마지막 작별 인사가 될 줄은 당시엔 알 수 없었다.

II.

"사라 선생! 큰일 났습니다! 얼른 광장으로 나가 보십시오!"

기하학을 가르치는 티모시 교수님이 한창 수업 중인 내 교실로 헐레벌떡 뛰어 들어오며 소리쳤다. 그 소리에 나도, 교실의 학생들도 모두 깜짝 놀랐다.

"지금은 수업 중인데요. 무슨 일이시죠?"

"수업이 중요한 게 아닙니다! 얼른!"

티모시 교수님은 교실을 나가 다른 교실들도 분주히 돌아다니며 같은 소식을 전파했다. 정말로 급한 일처럼 보이기는 하는데, 무슨 일인 걸까?

"다들 조용히 자습하고 있어. 금방 다녀올 테니."

나는 웅성거리는 학생들을 진정시키고서 교실을 나왔다. 복도에는 나 외에도 교수님들이 여러 명 나와서 수군거리고 있었다.

"무슨 일이랍니까?"

"아마 밖에서 들리는 저 시끄러운 소리랑 연관된 일이 아니겠소?"

교수님들의 대화를 듣고 보니 밖이 제법 소란스럽긴 하다. 하지만 광장이 시끄러운 거야 워낙에 흔한 일이기에 대수롭게 느껴지지는 않았다.

교수님들과 함께 학교를 나와서 광장에 들어서니 수많은 인파와 그 건너에 피어오르는 검은 연기가 눈에 들어왔다. 광장의 사람들은 광기에 휩싸인 듯이, 고래고래 소리를 지르며 환호하고 있었다.

연기의 정체를 파악하기 위해 우리는 사람들 틈을 비집으며 나아갔다. 군중의 마지막 줄은 제국의 병사들이 막아서고 있었고, 병사들 틈으로는 오레스테스 총독의 모습도 보였다. 총독은 어째선지 바닥에 무릎을 꿇은 채 넋이 나간 사람처럼 무언가를 멍하니 보고 있었다.

"우리는 학교의 교수들이오! 지나가게 해주시오!"

병사 중에서 직급이 높아 보이는 자가 우리를 보더니 주위에 손짓을 하여 길을 터 주었다. 마침내 병사들의 벽까지 지나서 마주한 광경에 내 온몸의 털은 쭈뼛 곤두섰고, 심장은 덜컥 내려앉았다.

거센 연기를 내뿜는 불의 한가운데에는 히파티아 선생님이 매달려 계셨다.

Ⅲ.

날카롭게 부서져 있는 연구실 문을 힘겹게 옆으로 밀고서 안으로 들어갔다.

휑하다.

책들로 가득했던 벽장은 텅텅 비어 있고, 오늘 아침까지만 해도 연구실 가득 늘어서 있던 수많은 수학 교구들도 온데간데없이 사라졌다. 그나마 남아있는 교구들마저 형체를 알아보기 힘들 정도로 파손되어 있었다.

연구실 한구석, 선생님께서 즐겨 마시던 포도주가 담긴 암포라들은 모두 산산이 조각난 채, 마치 광장에 매달려 계셨던 선생님의 모습처럼 피를 흘리고 있었다.

덜덜 떨리는 발걸음으로 선생님의 방으로 걸어갔다. 힘겹게 방문을 여니, 책상 위에 크게 적혀 있는 '마녀'라는 문구가 다시 한번 내 가슴을 세게 때렸다. 지난 몇 개월, 아니 어쩌면 일평생의 연구를 집약해 놓은 선생님의 새 저서도 모조리 사라졌다.

난 그대로 굳어 버렸다. 아무런 생각도 나지 않는다.

금방이라도 히파티아 선생님이 그 특유의 부드러운 목소리로 뒤에서 날 불러주실 것만 같다. "후후, 사라야. 뭘 그리 멍하게 서 있니?"라며. 이 현실 같지 않은 현실에서 벗어나게 해주실 것만 같다. 내 머리를 쓰다듬으시며 이 모든 일이 거짓말이라고 말씀해주실 것만 같다.

자유를 잃은 학문은 미신과 다름없다.

예전부터 방 벽에 적혀있던 문구를 보곤, 나도 모르게 두 눈에서 눈물이 흘러나왔다. 그리고 갑작스럽게 또다시 내 두 귀를 스쳐 지나가는 섬찟한 기운을 느끼며 나는 두 눈을 감았다.

차라리 이대로 깨어나지 않았으면 좋겠다고 생각했다.

IV.

"사라 선생도 어디 고향에라도 내려가 몸 사리시구려. 히파티아 선생님과 가장 가까운 사이었으니 더욱 위험할 거요."

학교에 남은 마지막 음악 교수인 메도로스 님의 말이다.

이미 절반이 넘는 교수님들이 그만두겠다는 의사를 밝히고 학교를 떠나갔다. 히파티아 선생님의 조교였다는 이유 때문인지, 다들 나를 히파티아 선생님의 승계인이라 여기는 모양이었다. 교수님들의 끊임없는 사퇴 행렬을 접수하는 내 마음은 이미 한 줌의 재가 되어 부서진 지 오래다.

"메도로스 선생님마저 그만두시면 이 학교에서는 음악 수업 자체가 사라져 버리게 됩니다. 제발 한 번만… 더 생각해 주실 순 없는지요?"

"선생. 정녕 모르시겠소? 히파티아 선생님께서 돌아가신 그날, 이 알렉산드리아 진리의 상아탑도 함께 불타서 사라졌다는 사실을 말이오."

"…"

"우리 교수들만 두려워하는 게 아니라오. 불안에 떠는 건 학생들도 마찬가지지. 교수든 학생이든 죽음을 불사하면서까지 수업에 임하려는 이가 과연 얼마나 될 것 같으시오?"

메도로스 교수님은 이 말을 끝으로 뒤돌아 걸어가셨다. 그리고 복도 건너편에서 또 다른 교수님 한 분이 이쪽에 걸어오는 모습이 보였다. 이제는 그 표정만 봐도 무슨 말을 하러 오시는 건지가 짐작된다.

나는 어떡해야 하는 걸까. 내가 할 수 있는 건 대체 무엇일까. 히파티아 선생님이라면 지금 이 상황에서 어떻게 하셨을까? 선생님께서는 지금의 내게 뭐라고 조언하셨을까?

V.

오레스테스 총독이 내 방으로 직접 찾아온 건 생각지도 못한 일이었다.

그도 그 사건이 있었던 후로 며칠간은 충격으로 아무 일도 할 수 없었다고 한다. 하지만 정신을 차린 후에 가장 먼저 든 생각은 히파티아 선생님의 살해에 가담했던 자들을 모조리 색출하여 재판정에 세우는 것, 그리하여 최종적으로 그 배후까지 끌어내 심판을 받도록 하는 것이었다고 한다.

비록 그 자리에서 직접적으로 내게 언급하지는 않았으나, 총독도 역시 나와 마찬가지로 키릴로스 대주교를 염두에 두고 있는 듯했다.

나에게 찾아왔던 이유는 혹시라도 히파티아 선생님의 곁에서 의심되는 자가 없었는지를 묻기 위해서였다. 나는 순간 이아손을 떠올렸으나, 어째서인지 총독에게 차마 그 이름을 꺼내지는 못했다. 그게 잘한 행동이었는지 아니었는지는 아직도 잘 모르겠다.

총독은 그 후로도 이리저리 다니며 부단히 노력했던 모양이다. 그렇게 모은 정보들을 갈무리해서 제국에 여러 차례 보고하여 조사를 요청했다는 소식을 전해 들었다. 하지만 그런데도 조사는 번번이 '증거 부족'이라며 기각되었고, 결국 히파티아 선생님의 죽음은 "그 어떤 비극도 일어나지 않았다"라는 키릴로스 대주교의 기가 찬 발표와 함께 일단락되어 버리고 말았다.

그리고 그 발표와 동시에 오레스테스 총독도 거짓말처럼 세상에서 자취를 감추었다. 이후로는 그에 대한 어떠한 소식도 전해 듣지 못했다.

VI.

며칠 전, 키릴로스 대주교로부터 새로운 수업 지침을 전달받은 나는 마침내 결심을 굳혔다. 그리고 오늘이 바로 그 결심을 실천에 옮길 날이다. 명목상으로는 침체된 학교의 분위기를 북돋기 위해서라지만, 실제로는 남아 있는 교수들과 이후로 진행될 수업 전반에 걸친 감시와 감독이 본 목적임이 분명한 대주교의 알렉산드리아 학교 방문. 나는 오늘 그의 심장에 칼을 꽂으려 한다.

이것이 내 운명이었던 건지, 때마침 오늘 아침에 난 극심한 증상의 고통을 한차례 치렀다. 마치 오늘이 사라로서의 삶의 마지막 날이라고 알려주는 듯했다. 물론 그게 아닐지라도, 계획이 성공하든지 실패하든지 오늘이 내 마지막 날이 될 것임은 자명하다. 어쩌면 이 숙원을 이루기 위해서 지난 생에 그토록 무예를 연마했던 것은 아닐까.

부우우우우우!

나팔소리가 하늘 가득히 퍼진다. 대주교가 근방에 이르렀다는 알림소리다. 나와 교수님들은 학교 밖으로 나와서 차분히 그를 맞이할 준비를 했다. 물론 난 어젯밤에 잘 벼려놓은 칼을 차고 나오는 것도 잊지 않았다.

이내 기마병들의 호위와 함께 화려한 마차가 학교 앞 광장으로 들어섰다. 마차를 따라서 들어오는 족히 백 명 넘는 병사들의 발 구름 소리가 온 땅을 울린다. 군대의 발소리에 따라서 내 심장 박동도 점차 빨라진다.

어느새 마차 위에 앉은 이가 선명하게 두 눈에 들어왔다. 검은 피부에 작은 눈, 긴 코, 가슴팍까지 내려온 긴 수염. 검은색과 흰색이 배합된 고급 재질의 의상에 수놓아진 십자가 문양. 저 사람이 바로 대주교 키릴로스다!

기마대와 마차는 우리들 바로 앞까지 와서 멈추었다. 한 병사가 뒤에서 부리나케 달려오더니 마차 옆으로 바짝 엎드렸고, 키릴로스는 그 병사의 등을 계단처럼 밟으며 땅으로 내려왔다.

가장 원로 교수인 헤르노르가 한발 앞으로 나서 키릴로스를 향해 고개를 숙였다. 그런 헤르노르 교수님의 인사를 키릴로스는 본체만체하며 뻣뻣이 선 채로 우리들 한 명 한 명의 얼굴을 훑어보았다. 그런 그의 양옆으로 창병들이 바짝 서서 호위했다.

시간을 더 지체할 이유가 없다. 이 이상 끌어봐야 키릴로스의 호위 진형만 더욱 공고해질 뿐이다.

나는 숨을 한 번 깊게 들이쉬고서, 곧장 자리를 박차 앞으로 달려 나갔다. 교수들 틈에서 튀쳐나온 나를 본 키릴로스의 호위병들은 놀랍도록 침착하고 빠르게 키릴로스를 뒤로 밀고서 나를 향해 창을 내밀었다. 한눈에 보아도 훈련이 무척 잘 된 병사들이다.

창의 사정거리에 들어서자마자 나는 왼쪽으로 곡선을 그리며 몸을 틀었다. 정면으로 찔러오는 창 둘을 아슬아슬하게 피하고선 곧바로 왼쪽 병사의 창 자루를 잡아 체중을 실어 당겼다. 병사는 그대로 앞으로 고꾸라졌고, 나는 그가 튕겨 나오는 반동으로 빠르게 도약해 허리춤에 찬 칼을 뽑아서 상체가 노출된 키릴로스의 가슴팍을 향해 그대로 찔러

넣었다.

꽈아아앙!

원래대로라면 가슴 깊숙이 꽂혔어야 할 칼이 난데없이 커다란 굉음을 내며 얼마 들어가지 못한 채 그대로 박혀 버렸다.

갑옷이다! 그것도 꽤 두꺼운. 생각지도 못한 상황에 당황한 나는 급한 대로 키릴로스의 목을 향해 있는 힘껏 정권을 내질렀지만, 이마저도 키릴로스 오른편의 호위병이 몸을 날려서 밀쳐낸 탓에 적중하지 못했다.

대주교가 옷 안에 중갑을 착용하고 있었다니…! 내가 밀려나 잠시 주춤거리는 사이, 키릴로스 뒤편의 병사들이 우르르 창을 겨누면서 앞으로 뛰어나왔다.

계획이 실패한 것이다.

Ⅶ.

이렇게 허무하게 죽어선 안 된다. 키릴로스에게 히파티아 선생님의 복수를, 꺼져버린 진리의 불꽃에 대한 복수를 한 후에 죽어야만 한다. 그러기 위해서는 일단 살아서 후일을 도모해야 한다.

병사들의 추격을 따돌리며 온 힘을 다해 도망치고 있지만, 이래서는 병사들을 따돌릴 수 없을 텐데. 어떡해야 하지.

고민하던 그때, 저 앞의 담벼락 위에서 내게 손짓을 하는 이가 눈에 들어왔다.

"어서! 이리로!"

그는 날 향해 손을 내밀었다. 길게 생각할 여지도 없이 나는 뛰어올라 그의 손을 잡았다. 담 위에 오르고 나서야 내게 손을 내민 그가 누군지 알았다.

"이아손?"

"대화는 나중에! 일단 뛰어요!"

그의 말이 맞는다. 나는 앞장서는 그를 따라 평지를 빠르게 가로질렀다. 저 앞에 보이는 마을로 들어서기만 한다면, 추격하는 병사들의 눈을 피할 수 있을 것이다.

그나저나 이 자의 정체는 대체 뭘까. 어떻게 쫓기는 상황에 맞춰서 내 앞에 절묘하게 나타난 거지? 그렇게도 매정하게 사라질 때는 언제고 왜 이제 와서?

그리고 왜 위험을 무릅쓰고서 나를 도와주는 거지? 키릴로스의 첩자라고 생각했던 건 정말로 내 오해였던 걸까.

그 순간.

불행히도 오전의 그 기운이 또다시 내 두 귀를 스쳐 갔다.

안 돼.

이내 내 눈앞은 새까매졌고, 머리로부터 터져 나오는 강한 고통에 내 두 다리는 뜀박질을 멈추고 말았다.

"멈추면 안 됩니다! 얼른 달려요!"

주춤거리는 내게 이아손이 소리쳤다. 하지만 이제 내 몸은 마음처럼 움직여지지 않았다.

"미안하지만, 이만 날 두고 먼저 가세요!"

"네? 아니 왜? 서, 설마…."

퍼버버벅!!

갑자기 내 등에 강한 충격이 느껴졌다. 그 바람에 나는 앞으로 고꾸라지고 말았다.

"안 돼!"

이아손이 내 쪽으로 달려오는 소리가 들린다. 내 등이 점점 축축해지는 걸 보면, 아마도… 난 제국 병사들이 쏜 화살에 맞은 모양이다. 세 개? 아니. 네 개인가?

"으아! 안 돼! 이럴 수는 없어. 이런 얘기는 없었잖아!"

이아손은 바닥에 쓰러져 있는 날 안아 올렸다. 이미 가망이 없는 날 두고 도망치라고 말하고 싶지만, 목소리가 나오지 않는다.

"행복하게 살도록 해준다 했잖아! 죽을 거란 말은 하지 않았잖아! 당장 나와! 날 보고 있다면 지금 당장 나오라고!"

… 대체 이아손이 지금 무슨 말을 하고 있는 거지? 그러고 보니 이 사람… 지금 울고 있는 건가?

퍼버버벅!

또다시 화살들이 날아와 꽂히는 소리가 들렸다. 하지만 이번엔 내 몸이 아니었다. 그렇다는 건, 나 대신에 이아손이 맞았다는 얘기다.

톡 톡 톡.

내 얼굴에 물방울이 떨어진다. 피 같지는 않은데, 설마 이아손이 흘리는 눈물인 걸까. 이 사람은 대체 왜 날 위해서 이렇게 울어주는 거지.

병사들이 우르르 몰려오는 소리가 들린다. 내 몸을 관통하는 고통이 절정에 달하며 손끝의 감각까지 점점 무뎌져 간다. 희미해지는 내 두 귀로 이아손의 울음 섞인 목소리가 들린다.

"미안해, 내가 미안해! 내가 그 자식의 말을 믿지 말았어야 했는데. 너를 모른 척만 해주면 네가 다시 행복하게 살 수 있을 거라는 그 자식의 거짓말에 속은 내 잘못이야."

흐느끼는 그의 말을 들으며, 점차 알 수 없는 감정이 내 안에서 솟구치기 시작했다. 이 목소리, 이 말투, 어딘가 익숙했던 이 느낌. 마치 그동안 내 속 어딘가 깊숙이 감춰져 있던 것 같은 그 무언가가 조금씩 고개를 내밀고 있었다.

"나도 너 가는 곳으로 따라갈게. 이제 다시는 널 놓지 않아."

알 수 없는 감정이 점차 그 윤곽을 드러내는 순간.

"… 서연아."

나는 두 팔을 뻗어서 '그'를 끌어안았다.

히파티아는 어떤 사람인가?

히파티아(355년~415년 추정)는 알렉산드리아에서 활동한 신플라톤주의의 대표적인 그리스계 여성 수학자이다.

그녀의 아버지인 테온 또한 알렉산드리아 대학의 저명한 수학 교수였다. 덕분에 그녀는 어렸을 적부터 균형 잡힌 교육을 받았다. 그녀가 고등교육을 받기 위해 아테네에서 유학하면서 그녀의 수학자로서의 명성이 시작되었는데, 이후 알렉산드리아로 돌아와서는 곧바로 알렉산드리아 대학의 수학 교수로 초빙되었다.

안타깝게도 그녀의 저서들은 대부분 알렉산드리아 도서관과 함께 파손되어 단편적으로만 남아 있을 뿐이다. 『디오판토스 산법에 관한 해설서』, 『아폴로니오스 원뿔곡선에 관한 해설서』, 『프톨레마이오스 알마게스트에 관한 해설서』, 『유클리드 원론에 관한 해설서』 등이 그것이다. 15세기경에는 바티칸 도서관에서 『천문학적 계산에 관하여』라는 그녀의 저서 일부분이 발견되기도 했다.

그녀는 수학자로서 유명한 것만큼이나 철학자로서도 잘 알려져 있으며, '무세이온 여신에게' 또는 '철학자에게'라고 주소가 쓰인 편지는 당연히 그녀에게 배달되었다는 전설적인 이야기가 전해진다.

키릴로스는 어떤 사람인가?

키릴로스는 제24대 알렉산드리아 대주교로 5세기경에 활약한 기독교 신학자이다.

412년에 외삼촌인 알렉산드리아 대주교 테오필루스가 죽자 뒤를 이어서 알렉산드리아의 대주교로 서품되었다.

그는 과격한 방법으로 이단과 이교를 단죄했으며, 특히 기독교 분파인 노바티아누스파와 유대교도들에 대한 폭력적인 공격에 앞장섰다. 또한 당시에 부상하던 콘스탄티노폴리스 대주교구에 대해서도 적개심을 드러내어 교리 논쟁을 벌이기도 했다.

하지만 그는 이후 기독교의 성인으로 추대되었으며 후세에 '정교성의 방어자'라는 칭송을 받는다.

히파티아의 죽음에 대해

서기 412년. 키릴로스가 알렉산드리아의 대주교가 되었을 때, 그는 자신의 거의 유일한 반대 세력이었던 오레스테스를 견제하기 위해 오레스테스 진영의 강력한 지지 기반이었던 히파티아를 정치적 공격 대상으로 삼았다. 그 일환으로 그는 히파티아의 가르침을 사교邪敎라 간주하고, 알렉산드리아 대학을 조직적으로 억압했다고 전해진다.

415년경. 키릴로스는 대중의 광기에 불을 질러 폭도를 구성하였으며, 유대교회를 뒤엎고 행정장관의 지위와 권한을 대부분 장악하였다. 또한 키릴로스의 지시를 받은 광신자 폭도들은 히파티아를 잔인하게 고문한 뒤에 화형에 처했다.

이 사건을 계기로 수많은 학자가 알렉산드리아를 떠났으며, 알렉산드리아는 예로부터 전해 오던 학문의 중심지라는 명칭을 이후로는 되찾지 못한다.

이러한 그녀의 죽음에 대한 비극적 이야기는 오늘날 여러 형태로 전해지고 있으며, 그에 대한 의견과 평가 또한 다양하다.

에피소드 4에 나오는 수학

① 삼각비

삼각비는 직각삼각형의 세 변의 길이 중 두 변의 길이 간의 비례 관계를 나타내는 값이다.

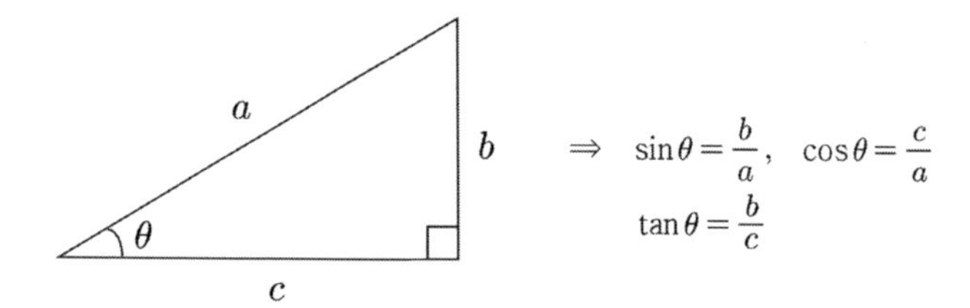

경작지 정리 및 토목공사, 천체의 관측, 항해술 등의 목적으로 고대 이집트에서부터 연구되었으며, 그 최초의 활용 사례는 기원전 1650년경에 만들어진 린드 파피루스에서 볼 수 있다.

이후 고대 그리스에서 연구되어 천문학의 발전에 큰 영향을 끼쳤고, 그리스의 수학 전통이 끊긴 이후로도 인도와 이슬람 세계에서 연구되어 많은 발전을 이루었다.

오늘날 우리가 쓰는 sin, cos, tan 등의 기호는 군터, 핑케, 오트레드, 오일러, 뉴턴 등 많은 수학자의 손을 거치면서 정립된 것이다.

② 원뿔곡선

원뿔곡선 또는 원추곡선은 평면으로 원뿔을 잘랐을 때 생기는 곡선을 말한다. 원뿔의 모선과 밑면의 사잇각을 α, 자르는 평면과 밑면의 사잇각을 β라 할 때, $\alpha = \beta$이면 포물선, $\alpha > \beta$이면 타원 또는 원, $\alpha < \beta$이면 쌍곡선이 된다.

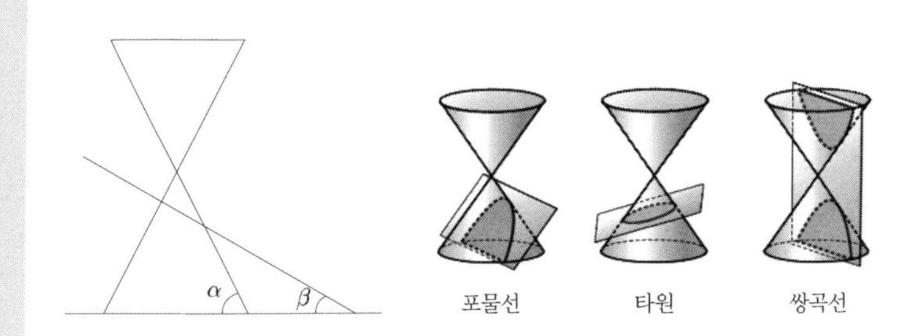

후대에 해석기하학[1]의 발전으로 모든 원뿔곡선이 xy평면에서 x와 y에 대한 이차방정식,

$$k_1x^2+k_2xy+k_3y^2+k_4x+k_5y+k_6=0 \ (k_1, \cdots, k_6\text{은 상수})$$

꼴로 표현될 수 있음이 증명되었고, 원뿔곡선을 이차곡선이라고도 부르게 되었다.

③ 구면기하학

구면기하학은 구면 위의 여러 도형의 성질을 연구하는 수학 분야로, 유클리드기하학이 아닌 기하학의 한 예이다. 가령 삼각형의 경우, 유클리드기하학에선 세 내각 합이 180°이지만, 구면기하학에선 일반적으로 180°가 아니다. 아래 그림은 그 예시이다.

삼각형 세 내각의 합
= 270°

---

1 여러 개의 수로 이뤄진 순서쌍(또는 좌표)을 이용하여 도형을 연구하는 수학 분야.

구면기하학을 실용화한 것으로는 대표적으로 항법과 천문학 등이 있다.

④ 평행선 공준

"1개의 직선과 2개의 직선이 만날 때 서로 마주 보는 각의 합이 2직각보다 작은 쪽에서 두 직선이 만난다."

유클리드 원론 제1권에 서술된 다섯 번째 공준인 이 명제는 이후 영국 수학자 플레이페어에 의해

"한 직선의 외부에 있는 점을 지나면서 평행한 직선은 오직 하나다."

라는 명제와 동치임이 증명되었고, 편의상 평행선 공준(또는 평행선 공리)이라 불린다. 이 공준은 원론에 서술되어 있는 앞선 네 공준과 달리 인간의 경험에 바탕을 둔 상식이 아니다. 즉 우리는 무한한 길이를 갖는 '직선'을 실제로 관찰할 수가 없다. 이 때문에 이탈리아 수학자 사케리를 필두로 한 여러 수학자는 이 평행선 공준이 자명한 상식임을 부정하고, 원론의 다른 네 공준으로부터 연역적인 검증을 시도하였다.
가우스는 이 연구로부터 비유클리드기하학인 쌍곡기하학을 창시했으며, 가우스의 제자인 리만은 스승의 이론에 타원기하학을 추가하여 리만기하학을 창시하였다. 구면기하학은 타원기하학의 특수한 형태이다.
여담으로, 이후에 리만기하학은 아인슈타인이 일반 상대성 이론을 정립하는 데에 결정적인 역할을 했다.

⑤ 참고: 프톨레마이오스 정리

프톨레마이오스 정리(또는 톨레미 정리)는 원에 내접하는 사각형의 두 대각선의 길이의 곱이 두 쌍의 대변의 길이의 곱의 합과 같다는 정리다. 즉 다음과 같이 원에 내접한 임의의 사각형 $ABCD$에 대하여 $\overline{AC} \times \overline{BD} = \overline{AB} \times \overline{CD} + \overline{AD} \times \overline{BC}$ 이다.

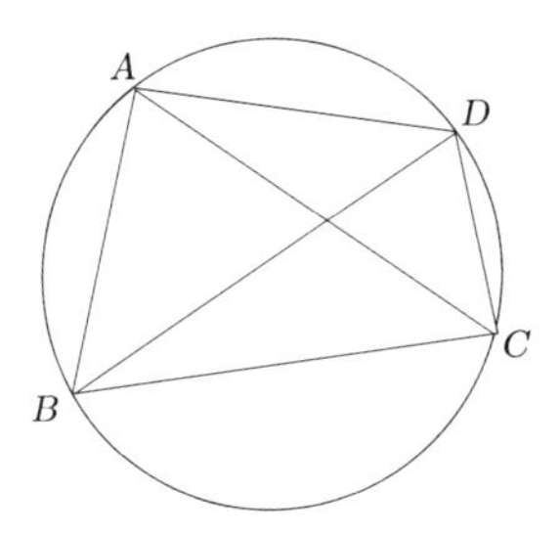

수학대계(알마게스트)에는 이 정리로부터 임의로 주어진 두 중심각의 차와 합에 대한 현의 길이를 구하는 법, 반각에 대한 현의 길이를 구하는 법 등의 내용이 전개되는데, 예를 들어 주어진 두 중심각의 차에 대한 현의 길이를 구하는 방법은 다음과 같다.
우선 중심각을 알 수 있는 두 현 $\overline{AC}$, $\overline{BC}$ 의 길이가 주어졌다고 하자.

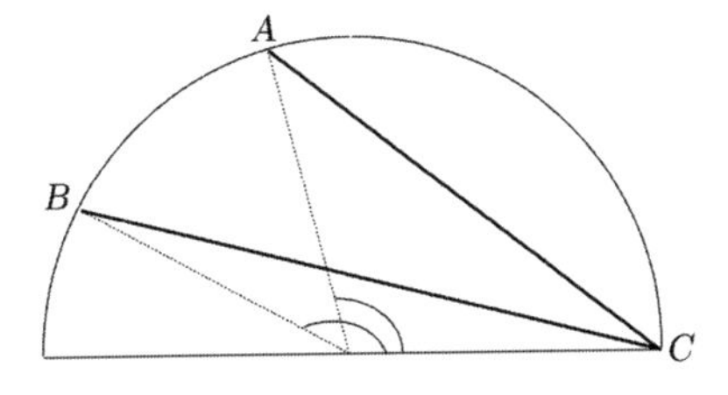

이제 이 그림에 다음과 같이 보조선을 그어 반원에 내접하는 사각형 $ABDC$를 만든다.

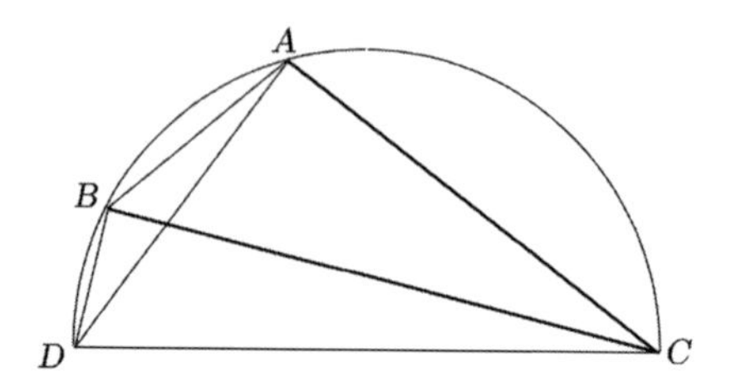

원주각의 정리[2]에 의해 두 각 $\angle DAC$, $\angle DBC$가 모두 직각(90°)이므로, 피타고라스의 정리에 의해 $\overline{AD}=\sqrt{\overline{CD}^2-\overline{AC}^2}$, $\overline{BD}=\sqrt{\overline{CD}^2-\overline{BC}^2}$ 이다. 여기서 $\overline{CD}$는 반원의 지름 길이이고, 두 현 $\overline{AC}$, $\overline{BC}$의 길이는 주어져 있으므로 $\overline{AD}$, $\overline{BD}$의 길이도 각각 구할 수 있다.

따라서 프톨레마이오스 정리 $\overline{AD}\times\overline{BC}=\overline{AB}\times\overline{CD}+\overline{AC}\times\overline{BD}$에 의해서 남은 현 $\overline{AB}$의 길이 역시 구할 수 있고, 이 길이가 바로 처음 주어진 두 중심각의 차에 대한 현의 길이다(반원의 지름 길이는 주어졌다고 가정한다).

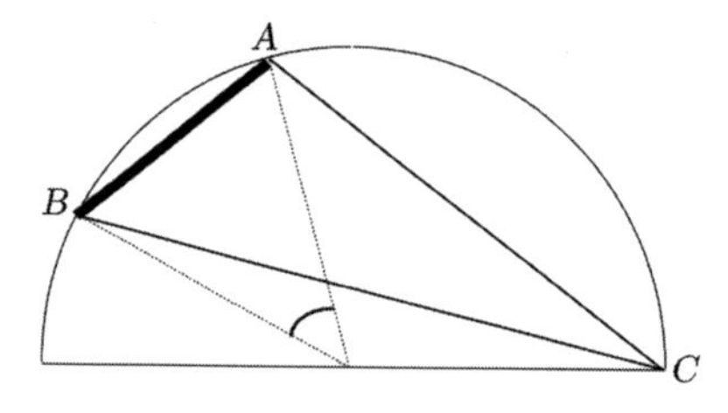

---

2 원주각, 즉 원의 둘레에 있는 각의 크기는 중심각 크기의 절반이라는 정리. 본문에 주어진 그림에서는 중심각이 평각(180°)이므로 원주각은 그것의 절반인 $\frac{1}{2}\times 180°=90°$, 즉 직각이다.

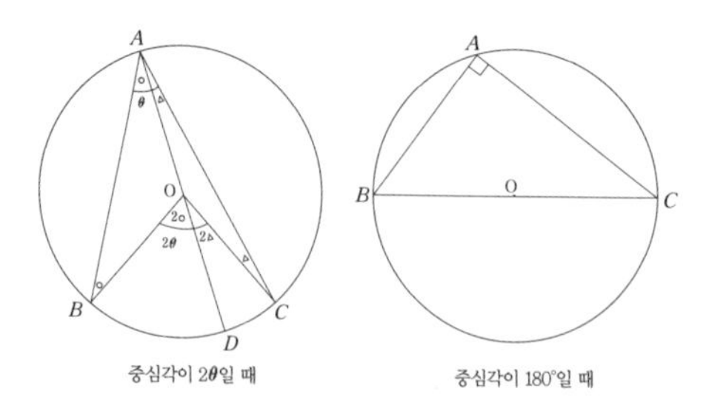

중심각이 2θ일 때

중심각이 180°일 때

매스매틱스 2

초판 발행 · 2021년 5월 31일
초판 4쇄 발행 · 2023년 11월 27일

지은이 · 이상엽
발행인 · 이종원
발행처 · (주)도서출판 길벗
출판사 등록일 · 1990년 12월 24일
주소 · 서울시 마포구 월드컵로 10길 56(서교동)
대표전화 · 02)332-0931 | **팩스** · 02)323-0586
홈페이지 · www.gilbut.co.kr | **이메일** · gilbut@gilbut.co.kr

기획 및 책임편집 · 김윤지(yunjikim@gilbut.co.kr) | **디자인** · 박상희 | **제작** · 이준호, 손일순, 이진혁
마케팅 · 김학흥, 박민주 | **영업관리** · 김명자 | **독자지원** · 윤정아, 전희수

교정교열 · 김창수 | **삽화** · 최정을 | **전산편집** · 도설아 | **출력 및 인쇄** · 예림인쇄 | **제본** · 예림바인딩

ISBN 979-11-6521-561-3 (04410)　(길벗 도서번호 080273)
ISBN 979-11-6521-372-5 (04410)　세트

정가 14,000원

독자의 1초를 아껴주는 정성 **길벗출판사**

(주)도서출판 길벗 | IT실용, IT전문서, IT/일반 수험서, 경제경영, 취미실용, 인문교양(더퀘스트) www.gilbut.co.kr
길벗이지톡 | 어학단행본, 어학수험서 www.eztok.co.kr
길벗스쿨 | 국어학습, 수학학습, 어린이교양, 주니어 어학학습, 교과서 www.gilbutschool.co.kr

페이스북 · www.facebook.com/gbitbook